Tous nos ouvrages sont disponibles aux

Éditions Decoopman
Ferrières
30440 Saint-Laurent-le-Minier
web : www.decoopman.com
e.mail : livres@decoopman.com

Olivier Lacaux
Jean Castanier

I.S.B.N. 978-2-36965-232-8
Dépôt légal : 3e trimestre 2025

LES LAMPES À PLUSIEURS ÉLECTRODES

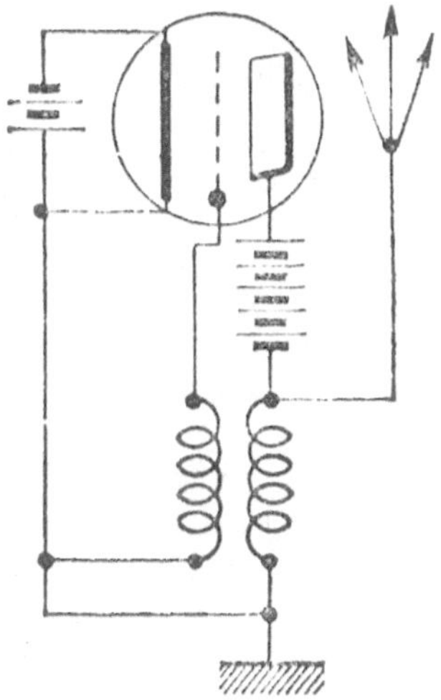

Raymond JOUAUST

Sous-Directeur du Laboratoire Central d'Électricité

1927

Chapitre I

Quelques principes de physique : la constitution de la matière, l'électron, l'émission thermoionique

Il y a un certain nombre d'années, on admettait que l'électricité était constituée par deux fluides : le fluide positif et le fluide négatif. Ce mot fluide sans aucun sens ne servait qu'à dissimuler notre ignorance de la nature réelle de l'électricité.

Pour bien des physiciens, les termes d'électricité positive et d'électricité négative n'étaient qu'un procédé commode pour expliquer les phénomènes observés, mais ne correspondaient à rien de réel.

Depuis quelques années, on a été conduit au contraire par l'observation de certains phénomènes expérimentaux à attribuer à l'électricité négative une existence réelle.

Considérons (fig. 1) un tube dans lequel on a fait le vide et qui contient 2 électrodes.

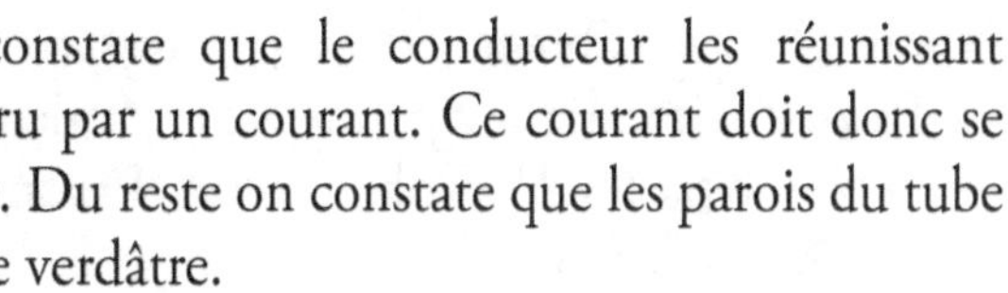

Fig. 1.

Si on applique une tension élevée entre ces deux électrodes on constate que le conducteur les réunissant extérieurement, est parcouru par un courant. Ce courant doit donc se fermer à l'intérieur du tube. Du reste on constate que les parois du tube présentent une fluorescence verdâtre.

Si on intercale en M dans le tube un écran, on constate que cet écran porte en quelque sorte ombre sur la paroi du tube. Le verre ne devient pas fluorescent derrière l'écran. Si cet écran est une sorte de moulinet mobile autour d'un axe, il se met à tourner.

On dirait que de l'électrode négative (cathode), parlent des projectiles qui, lancés avec une grande vitesse, viennent bombarder les obstacles qui leur sont opposés.

De l'expérience que nous venons de décrire, et de bien d'autres dont nous ne parlerons pas, on a pu déduire que ces projectiles existaient réellement et qu'ils étaient constitués par des corpuscules infiniment petits portant une charge d'électricité négative.

La masse de ces corpuscules est de l'ordre de

$$0{,}8 \times 10^{-27} \text{ gramme.}$$

La charge serait de $4{,}2 \times 10^{-10}$ unités électrostatiques C. G. S., c'est-à-dire la charge que prendrait une sphère de $4{,}2 \times 10^{-1}$ centimètres de rayon si on la chargeait à un volt.

Dans aucune expérience on n'a pu mettre en évidence de charges électriques plus faibles et on a été amené à admettre que l'électricité négative avait une existence réelle et qu'elle était constituée par un assemblage de ces corpuscules chargés dont nous venons de parler.

Ces grains d'électricité, pour employer une expression due à M. Langevin, sont appelés « les électrons ».

Nous irons plus loin maintenant et nous allons exposer les idées actuelles sur la constitution de la matière.

Depuis la plus haute antiquité, on avait été amené à supposer que la matière n'était pas divisible à l'infini et qu'elle était constituée par l'agglomération d'un certain nombre de particules excessivement petites, attirées entre elles par certaines forces, les dimensions des particules et les espaces les séparant étant tellement faibles que nous ne pouvions les apprécier non seulement avec nos sens, mais même avec les microscopes les plus puissants dont nous disposions pour nos observations. Ces particules dont l'existence avait été envisagée pour la première fois par le philosophe grec Héraclite avaient reçu le nom d'atomes.

La science moderne a pu mettre en évidence l'existence de ces atomes, elle a même pu les dénombrer. Dans 1 gramme d'hydrogène, il y aurait 60×10^{22} atomes (6 suivi de 23 zéros).

On voit combien ce nombre est grand. Mais ce qui est curieux c'est que les procédés de dénombrement, quoique basés sur des principes très différents, conduisent au même résultat.

Cette constatation justifie bien la réalité de l'existence des atomes.

Mais on est allé plus loin.

Avec le physicien Bohr, on admet aujourd'hui que l'atome est une organisation complexe.

Cette organisation rappellerait en miniature celle de notre système solaire.

Dans celui-ci, les planètes gravitent autour du soleil.

De même l'atome serait constitué par un noyau central chargé positivement, caractéristique du corps simple envisagé, et autour de ce noyau graviteraient des électrons.

Ainsi l'atome d'hydrogène comporterait un noyau central autour duquel graviterait un électron, ce nombre serait de deux pour l'atome d'hélium, de 8 pour l'atome d'oxygène.

Ce nombre serait beaucoup plus élevé pour les métaux. Pour les corps considérés au point de vue électrique comme isolants, les électrons seraient invariablement liés à l'atome auquel ils appartiennent. Il n'en serait pas de même pour les corps conducteurs. Les électrons gravitant sur les orbites les plus éloignées du noyau central, auraient une tendance à s'échapper. Pour continuer notre comparaison astronomique de planètes, ils tendraient à devenir comètes.

On pourrait donc considérer les métaux comme constitués par des atomes baignant dans une atmosphère d'électrons échappés au système auquel ils appartenaient primitivement.

Ces électrons tendent même à s'échapper du métal, mais lorsqu'ils s'en échappent, ils le laissent chargé positivement, et comme ils sont chargés négativement ils sont attirés par lui. Ils constituent donc autour du métal une sorte de gaine gazeuse d'un caractère spécial, qui repousse les autres électrons qui voudraient à leur tour s'échapper du métal et qui y sont retenus par des forces de répulsion qui jouent un peu le même rôle que les forces de gravitation qui retiennent les corps à la surface de la terre.

Mais un corps qui serait lancé avec une grande vitesse pourrait s'échapper à ces forces de gravitation. C'est le problème du fameux boulet de Jules Verne dans son roman *Voyage de la Terre à la Lune*, c'est l'explication qu'on donne parfois des bolides qu'on considère comme des projectiles lancés avec une grande vitesse par les volcans lunaires.

Ainsi un des électrons qui baignent le métal, si pour une raison quelconque il atteignait une grande vitesse pourrait surmonter les forces de répulsion et sortir.

Voyons dans quelles conditions certains de ces électrons peuvent atteindre cette vitesse.

Les atomes qui constituent un corps ne sont pas immobiles, ils sont animés de mouvements excessivement rapides.

À un instant donné, tous n'ont pas la même vitesse ; certains qui viennent de se heurter sont immobiles. Si on pouvait mesurer individuellement les vitesses de chaque atome, on trouverait toutes les vitesses depuis zéro jusqu'à l'infini ; mais si on faisait la moyenne de ces vitesses, on constaterait que, pour une température donnée du corps envisagé, on trouve toujours la même valeur.

Cette valeur moyenne croît, et croît très rapidement avec la température. Les électrons qui baignent les atomes, participent à leur mouvement.

On conçoit que dans ces conditions certains d'entre eux peuvent atteindre une vitesse suffisamment grande pour échapper au corps qui les contient.

Comme nous l'avons dit, la vitesse moyenne du mouvement des atomes et des électrons croît très rapidement avec la température,

Donc, plus la température du corps sera élevée, plus il y aura d'électrons susceptibles d'atteindre des vitesses leur permettant de sortir du métal. Ce nombre excessivement faible, lorsque le métal est à la température ordinaire, devient très considérable lorsque la température atteint 2 500 degrés qui est à peu près celle du filament de tungstène dans nos lampes d'éclairage.

On caractérise ce fait en disant que les métaux à haute température émettent des électrons. On appelle quelquefois ce phénomène, l'effet Edison. L'illustre inventeur américain avait constaté en effet il y a près de 40 ans que le filament des lampes à incandescence qu'il venait d'inventer émettait de l'électricité négative (On ne parlait pas encore d'électrons).

Chapitre II

Les lampes à deux et à trois électrodes

THÉORIE GÉNÉRALE

La lampe à 2 électrodes (Diode)

Considérons une ampoule de lampe à incandescence contenant un filament de tungstène porté à haute température.

En vertu de ce que nous avons dit plus haut, des électrons tendent à s'échapper de ce filament.

Qu'arrivera-t-il de ces électrons ?

Ils laisseront le corps chargé positivement, ils seront donc attirés par lui, et après s'être éloignés du filament, ils reviendront vers lui, et viendront grossir cette atmosphère électronique qui, comme nous l'avons dit plus haut, entoure le filament et s'oppose à toute émission.

Il n'en est plus de même si nous introduisons dans l'ampoule une deuxième électrode chargée positivement. Celle-ci attire les électrons.

Si elle est isolée, les électrons neutralisent peu à peu sa charge et l'émission s'arrête.

Mais si on maintient constante la charge de cette électrode, par exemple en la réunissant au pôle positif d'une batterie de piles ou d'accumulateurs dont le pôle négatif est réuni au filament, l'absorption d'électrons par l'électrode positive est continue et puisque sa charge doit demeurer constante, cette absorption d'électrons est contrebalancée par un apport d'électricité positive venant de la batterie.

Un courant électrique circulera dans les conducteurs reliant la batterie d'accumulateurs aux électrodes.

On donne généralement à cette électrode positive la forme d'une plaque. Le plus souvent la plaque est enroulée en cylindre et entoure le filament.

Cette forme est comme on le voit celle qui convient le mieux à l'absorption des électrons émis dans toutes les directions par le filament.

Le physicien anglais Richardson a démontré que pour une température donnée, un corps solide ne pouvait émettre qu'une quantité donnée d'électrons par unité de temps.

Donc pour une température donnée du filament, c'est-à-dire un nombre donné de volts aux bornes, le filament est susceptible d'émettre un nombre donné d'électrons par unité de temps.

On pourrait penser que, quelle que soit la différence de potentiel (le nombre de volts), appliquée entre le filament et la plaque, tous les électrons émis en une seconde par le filament vont à la plaque, que par suite le courant indiqué par un ampèremètre intercalé dans l'un des fils de connexion de la batterie aux électrodes est indépendant de la différence de potentiel de cette batterie.

En réalité il n'en est rien.

Si on trace ce qu'on appelle la caractéristique de la diode, c'est-à-dire la courbe obtenue en portant sur l'axe des X la différence de potentiel de la batterie plaque et sur l'axe des Y l'intensité du courant débitée par la batterie plaque, on obtient une courbe comme celle de la figure 2.

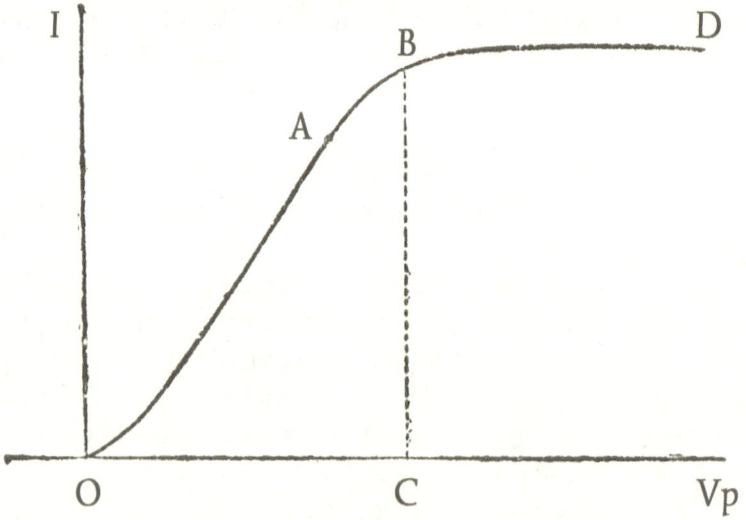

Fig. 2.

La courbe croît d'abord linéairement, c'est-à-dire débute par une ligne droite, s'infléchit puis devient horizontale.

La raison en est la suivante. Les électrons qui cheminent du filament vers la plaque étant des masses chargées négativement, contrebalancent faction attractive de la plaque en repoussant ceux qui tendent à sortir du filament.

Tous les électrons qui, théoriquement, devraient sortir par unité de temps du filament ne peuvent sortir.

Ce n'est que lorsque la tension est devenue plus grande que OC que tous ces électrons peuvent atteindre la plaque. À ce moment le courant de la diode devient indépendant de la tension plaque.

On dit qu'on a atteint la valeur du courant de saturation, correspondant à la température à laquelle est porté le filament.

Nous avons dit que la portion OA de la caractéristique était rectiligne c'est-à-dire que l'augmentation du courant était proportionnelle à l'augmentation de la tension.

Théoriquement le courant devrait croître plus vite, il devrait être proportionnel à la puissance $3/2$ (au cube de la racine carrée) de la tension.

On ne devrait pas avoir comme on a :

$$I = KV$$

mais :

$$I = KV^{3/2}$$

C'est du moins ce qu'a montré le physicien américain LANGMUIR.

Mais les calculs de LANGMUIR s'appliquent à un filament qui serait partout à la même température.

Il suffit de regarder une lampe pour constater qu'il n'en est rien.

Par suite du refroidissement plus important au voisinage des points d'attache, la température du filament croît des extrémités au centre.

En regardant une lampe on voit que les extrémités ne sont même pas à l'incandescence.

Il en résulte que lorsqu'on élève la tension plaque, les parties du filament les plus rapprochées des supports arrivent à débiter leur courant de saturation alors que le milieu est encore loin de le débiter.

Une nouvelle augmentation de tension n'amène d'augmentation d'émission électronique que pour les parties centrales.

C'est pour cela que la première partie de la caractéristique n'obéit pas à la loi de la puissance $3/2$ et est à peu près rectiligne.

Pour les lampes nous utilisons à la réception le courant de saturation est de l'ordre de 8 à 10 millièmes d'ampère (milliampères).

La lampe à 3 électrodes (Triode)

Intercalons maintenant dans une diode une grille entre le filament et la plaque.

De même que la plaque est souvent constituée par une feuille métallique enroulée en cylindre, de même la grille sera constituée par un fil enroulé en hélice.

Nous supposerons la grille reliée au négatif du filament et une batterie de piles intercalée comme dans la diode entre le filament et la plaque, celle-ci étant positive.

Avec une diode, ayant les dimensions de la lampe connue sous le nom de lampe TM (lampe dont on aurait supprimé la grille) le courant filament plaque serait de 2 milliampères sous une tension plaque de 8 à 10 volts.

Au contraire, dans la triode, la grille réunie au négatif du filament, il faut que la tension plaque soit de 80 volts (10 fois plus forte que dans la diode) pour obtenir le même courant de 2 milliampères.

Il est facile de s'expliquer cette action de la grille.

Tout le monde connaît l'expérience suivante : un bâton de résine ou de caoutchouc électrisé par frottement attire le pendule constitué par une petite boule de sureau suspendue au bout d'un fil isolant.

Mais si par-dessus ce pendule on place un treillage métallique serré, une cage à mouches, le bâton électrisé ne peut agir sur le pendule à travers cette cage.

La cage joue le rôle d'écran électrique (de cage de Faraday, comme on dit quelquefois). La même chose se passe dans la triode. La plaque chargée positivement produisait une certaine attraction sur les électrons du filament.

La grille vient constituer un écran électrique.

Comme les spires ne sont pas très serrées, son rôle d'écran n'est pas complet, il ne supprime pas complètement l'attraction de la plaque sur les électrons, il la diminue, il la rend 10 fois plus faible pour le cas particulier de la lampe TM.

Maintenant dans la triode constituée par cette lampe où comme nous venons de le dire le courant filament plaque est de 2 milliampères pour une tension plaque de 80 volts ; portons cette tension à 90 volts, le courant devient égal à 2,2 milliampères.

Au contraire laissons la plaque à 80 volts mais, au lieu de laisser la grille réunie au négatif du filament, intercalons entre ce négatif et la grille une différence de potentiel de 1 volt, la grille étant positive ; on constate que le courant filament plaque augmente et devient égal à 2,2 milliampères.

Ainsi augmenter de 10 volts la tension plaque ou de 1 volt la tension de la grille conduit au même résultat sur le courant plaque.

Ceci se comprend facilement. La grille étant plus rapprochée du filament elle peut, étant portée à un certain potentiel, produire la même attraction sur les électrons du filament qu'un potentiel 10 fois plus fort appliqué à la plaque.

D'autre part les électrons lancés avec une grande vitesse par le filament, ratent en quelque sorte la grille, passent entre les spires et arrivent à la plaque. C'est ce qui explique qu'une élévation de potentiel donnée de la grille produit le même effet qu'une augmentation 10 fois plus forte de la tension plaque sur le courant filament plaque.

Mais il faudrait bien se garder de croire que les phénomènes que nous venons de décrire suffisent à expliquer l'action amplificatrice de la lampe.

La lampe est un relais amplificateur.

Un relais amplificateur est un appareil qu'une petite quantité d'énergie suffit à mettre en jeu et qui, par son fonctionnement, déclenche la production d'une quantité d'énergie beaucoup plus grande.

Examinons ce qui se passe dans la lampe.

Lorsque la grille était réunie au négatif du filament la batterie plaque débitait un courant de 0,002 ampère. La tension étant de 80 volts, la puissance fournie par cette batterie était de 80 x 0,002 watt.

Le fait d'avoir intercalé une pile de 1 volt entre le filament et la grille augmente le courant plaque de 0,0002 ampère. La puissance débitée par la batterie plaque passe de 80 x 0,002 à 80 x 0,0022 watt. Si on laisse les choses en état la batterie alimentant la plaque fournit plus de puissance dans le second cas que dans le premier.

Quant à la pile intercalée entre le filament et la grille, elle ne débite pas, elle ne s'use pas plus vite qu'en circuit ouvert.

La lampe est donc bien un relais.

Nous voyons par exemple que dans notre cas, sans dépenser aucune énergie dans le circuit filament grille, nous avons mis le circuit filament plaque en condition de débiter une énergie plus considérable, énergie empruntée à une source d'énergie locale qui, en l'espèce, est la batterie alimentant la plaque.

Faire varier le potentiel grille est en quelque sorte l'équivalent d'ouvrir sans grand effort un robinet, ouverture qui permet de mettre en jeu une énergie considérable due, par exemple, à une chute d'eau.

On conçoit comment une très faible énergie pourra en agissant sur la grille de la lampe, déclencher le débit d'une énergie beaucoup plus considérable. C'est ainsi qu'il faut concevoir le rôle de relais amplificateur joué par la lampe.

Caractéristique des lampes à 3 électrodes

On appelle généralement ainsi la courbe obtenue en coordonnées cartésiennes en portant sur l'axe des X la tension de la grille par rapport au négatif du filament et sur l'axe des Y la valeur du courant dans la plaque, la tension plaque restant constante.

La figure 3 représente une de ces caractéristiques.

On voit que le courant plaque commence alors que la grille est encore négative par rapport au filament (d'une dizaine de volts dans la lampe T. M., avec 80 volts à la plaque).

Ce courant plaque croît d'abord proportionnellement à la tension grille, c'est-à-dire que la caractéristique est une droite, puis il s'infléchit vers $Vg = 15$ volts (toujours pour $Vp = 80$ volts) et devient constant à partir de $Vg = 35$ volts.

Sa valeur est égale au courant de saturation que peut fournir le filament pour une température donnée.

La courbe que nous venons de tracer en traits pleins sur la figure (2) se rapporte à une lampe ayant une tension plaque de 80 volts et une tension de 4 volts aux bornes du filament.

Supposons maintenant qu'on porte la tension à 4.5 volts, la température du filament augmente. La caractéristique prend l'allure figurée en points ronds sur la figure (3).

La courbe se confond tout d'abord presque complètement (un peu supérieure) avec la caractéristique correspondant au chauffage de 4 volts,

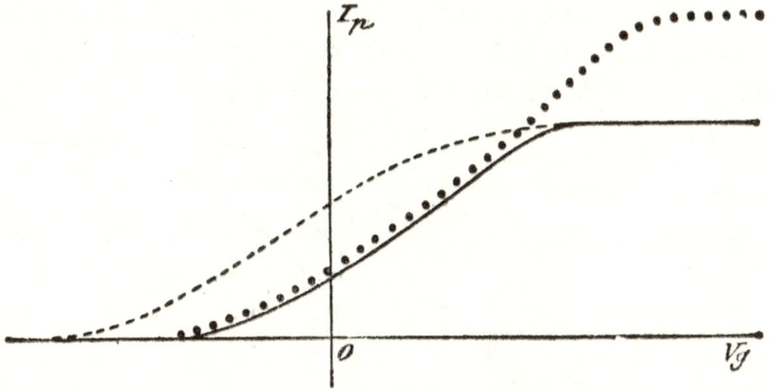

Fig. 3.

mais elle continue à monter, alors que celle-ci s'infléchit et la valeur de saturation est beaucoup plus élevée.

Ceci se conçoit parfaitement puisque la température du filament dans le second cas est plus élevée.

Supposons maintenant que conservant la tension aux bornes du filament égale à 4 volts, nous portions la tension plaque de 80 à 120 volts. La nouvelle caractéristique est celle présentée en pointillé sur la figure (3).

Élever la tension plaque a pour effet de donner à la caractéristique un glissement parallèle à l'axe des abscisses du côté des X négatifs.

Ces trois exemples que nous venons de donner suffisent pour bien mettre en évidence l'influence sur la forme de la caractéristique des trois tensions qui entrent en jeu :

- Tension aux bornes du filament.
- Tension entre le filament et la grille.
- Tension entre la plaque et le filament.

Facteur d'amplification et résistance interne

Pour pouvoir se rendre compte du fonctionnement des lampes et soumettre leurs propriétés au calcul, on a été amené à considérer deux grandeurs que nous allons définir.

Ce sont le *facteur d'amplification* et la *résistance interne.*

Considérons (fig. 4) un certain nombre de caractéristiques de lampes correspondant aux tensions plaques v, $v+dv$, $v+2dv$ et $v-dv$, $v-2dv$, nous constatons que dans une certaine région, celle comprise entre les 2 verticales AB et CD, c'est-à-dire correspondant à des tensions de grilles comprises entre - OA et + OC, ces caractéristiques peuvent être assimilées à des droites parallèles et équidistantes.

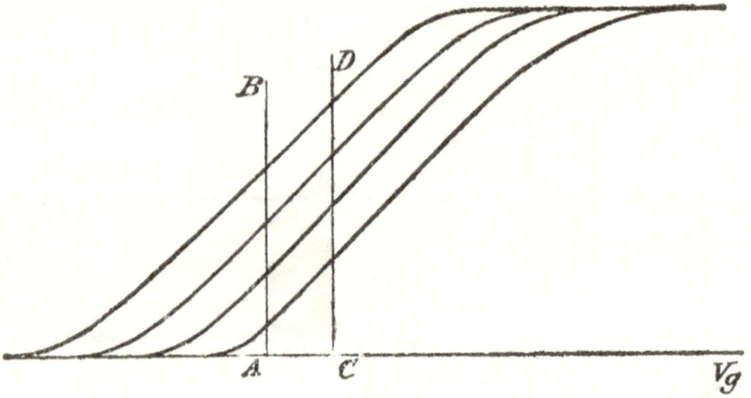

Fig. 4.

Donc, lorsque la grille est à une tension comprise entre - OA et + OC, une augmentation *dv* de la tension plaque donne lieu à une certaine augmentation du courant filament plaque, *di* étant la distance verticale entre les caractéristiques correspondant à *v* et *v+dv*.

Ceci est une simple application de propriétés géométriques de droites parallèles ; de plus, puisque nous avons dit que toutes les caractéristiques correspondant à *v*, *v+dv*, *v+*2*dv* étaient équidistantes, cela veut dire par exemple que si le passage de *v* à *v+dv* donne une augmentation de courant plaque *di*, le passage de *v* à *v+*2*dv* donnera une augmentation de 2*di*.

Autrement dit, dans la région des tensions grille comprises entre - OA et + OC, l'augmentation du courant plaque est proportionnelle à l'augmentation de la tension plaque, le quotient *dv/dt* est une constante ρ. *C'est cette constante* ρ *qu'on appelle la résistance interne de la lampe.*

Considérons la même figure, et donnons à la grille (toujours dans la région envisagée), une augmentation dv_g. La figure nous montre immédiatement que dans toute la région envisagée, cette augmentation donne la même augmentation du courant plaque.

De plus nous pouvons déduire de notre figure qu'il faudrait, pour avoir la même augmentation du courant plaque, donner à la plaque sans toucher à la tension grille une augmentation de tension plaque de

dv_p telle que $dv_p = Kdv_g$. K étant un nombre plus grand que l'unité (de l'ordre de 8 à 10 pour les lampes usuelles).

Donc en vertu de ce que nous avons dit ,une augmentation dv_g de la tension grille produira une augmentation du courant plaque égale à Kdv_g/ρ.

Le facteur K que nous venons de définir est le facteur d'amplification.

D'autre part nous voyons d'après la figure que si nous donnons simultanément à la grille une augmentation de tension dv_g et à la tension plaque une augmentation dv, cela revient au même que si nous donnions l'une après l'autre les deux augmentations. La même chose se produit si au lieu d'augmentations ce sont des diminutions.

La variation du courant plaque sera la somme des deux variations et sera égale à :

$$di = (Kdv_g + dv) / \rho$$

Cette équation est l'équation fondamentale des lampes.

Mais nous rappelons qu'elle n'est valable que dans la région où les diverses caractéristiques peuvent être assimilées à des droites parallèles. Elle n'est plus vraie par exemple lorsqu'on approche de la saturation. Il ne faut donc pas attribuer à dv_g ou à dv des valeurs trop grandes qui nous feraient sortir des régions où nous avons le droit de raisonner comme nous l'avons fait.

Mais nous pourrons appliquer cette relation aux amplificateurs où les diverses variations de tension sont toujours faibles.

Méthode du facteur d'amplification et de la résistance interne. Méthode de Miller.

Le schéma de la figure 5 donne le montage à réaliser. L'ensemble des résistances R_2 et R peut être constitué soit par 2 boîtes de résistances présentant une résistance totale d'une centaine d'ohms, soit par un fil.

Dans le premier cas, on transporte les fiches de l'une des boîtes sur l'autre, de façon à maintenir la résistance totale du circuit constante, dans le second cas on déplace un curseur sur le fil.

En S est une source de courant de fréquence musicale. On utilise avantageusement pour cela un petit appareil du type Larsen (un téléphone placé devant un microphone) ou tout autre vibreur.

En T est placé un téléphone peu résistant de l'ordre de quelques centaines d'ohms.

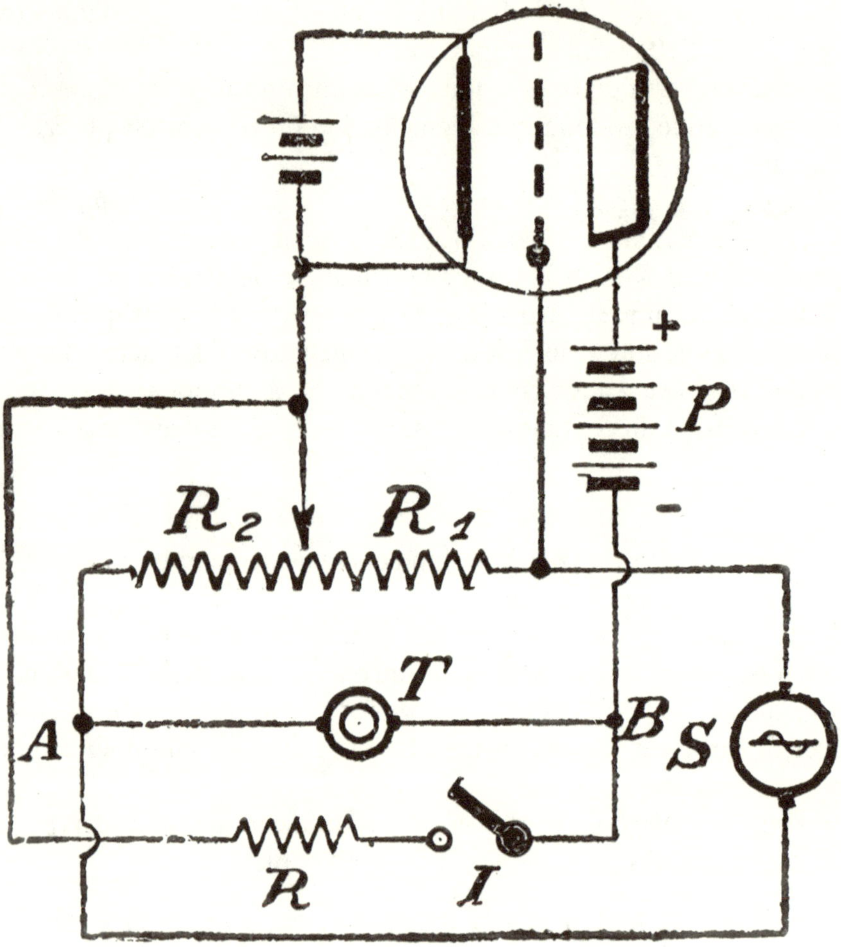

Fig. 5.

Le téléphone doit être peu résistant, de même que les résistances R_1, et R_2 pour que le passage du courant plaque à travers ces résistances ne produise qu'une faible chute de tension et qu'on puisse admettre que toute la tension de la pile P est appliquée à la plaque.

Laissant d'abord l'interrupteur I ouvert, on règle les résistances R_1 et R_2 de façon à avoir le silence dans le téléphone.

Lorsqu'il en est ainsi on a :

$$K = R_2 / R_1$$

En effet soit i la valeur à un instant donné du courant de fréquence musicale envoyé dans le circuit constitué par les résistances $R_1 + R_2$ par la source de fréquence musicale ; ce courant produit entre le filament et la grille, une variation de tension $R_1 i$ qui produit dans le circuit filament plaque, une variation de courant égale à :

$$KR_1 i \ / \ \rho$$

Mais, d'autre part, ce courant circulant dans la résistance R_2 produit dans le circuit plaque une variation de tension $R_2 i$ qui vient suivant son signe, s'ajouter ou se retrancher à celles fournies par la batterie de piles P et qui tend à produire une variation de courant égale à $R_2 i / \rho$ en valeur absolue.

Mais il est facile de se rendre compte que, si la circulation du courant i a pour effet de rendre la grille positive par rapport au filament, par suite d'augmenter le courant plaque, la tension $R_2 i$ est de signe inverse à celui de la pile P et tend à diminuer le courant plaque.

Donc si on n'entend rien au téléphone c'est qu'il y a deux actions qui se détruisent et qu'on a :

$$\frac{KR_1 i}{\rho} = \frac{R_2 i}{\rho}$$

d'où :

$$K = \frac{R_2}{R_1}.$$

Pour déterminer la résistance interne on ferme l'interrupteur I et laissant fixes les 2 résistances R_1 et R_2, on agit sur la résistance R de façon à amener le téléphone au silence.

La résistance interne est donnée par la relation :

$$\rho = R(K \frac{R_1}{R_2} - 1).$$

En effet, puisqu'aucun courant ne circule dans le téléphone, les deux extrémités A et B doivent être au même potentiel.

Appelons zéro le potentiel du pôle négatif du filament, à un instant donné soit i l'intensité du courant de fréquence musicale fourni par la source S, le potentiel du point A est $+ R_2 i$.

Soit j la valeur alternative instantanée correspondante du courant plaque, qui passe tout entier par la résistance R, le potentiel du point B est :

$$Rj = \frac{KR_1Ri}{R + \rho}$$

d'où :

$$R_2i = \frac{KR_1Ri}{R + \rho}$$

$$\rho = R(K\frac{R_1}{R_2} - 1).$$

Influence d'une résistance dans le circuit plaque. L'utilisation de la puissance

En écrivant les équations qui servent à établir la méthode de Miller, nous avons un peu anticipé sur les équations des lampes.

Nous avons démontré jusqu'ici qu'une augmentation *dvg* de la tension grille, donnait une augmentation du courant plaque *di* telle que :

$$di = Kdv_g / \rho$$

Supposons que dv_g ou simplement v_g soit la différence de potentiel instantanée entre la grille et le filament, le courant dans le circuit plaque a pour valeur instantanée

$$io + (Kv_g / \rho)$$

io est une valeur constante.

Kv_g / ρ est une valeur instantanée.

Si la tension grille est une tension alternative, le courant plaque comprendra :

1. - Une partie continue *io* sans action sur les téléphones (c'est pour cela que nous l'avons négligée en écrivant la première équation du pont de Miller) ;

2. - Une partie alternative ; à la valeur instantanée v_g de la tension alternative correspond une valeur instantanée Kv_g / ρ donc si v_g représente la valeur efficace de la tension efficace, appliquée entre filament et grille, la valeur efficace *j* de la composante efficace du courant plaque sera égale à Kv_g / ρ. Comme c'est la composante alternative qui a seule de l'intérêt pour nous, nous écrirons désormais l'équation de la lampe : $j = Kv_g / \rho$.

Mais ceci suppose qu'aucune résistance, aucun circuit d'utilisation n'est placé dans le circuit plaque, ce qui ne saurait évidemment être le cas.

Supposons que comme dans la deuxième partie du montage de Miller, une résistance R soit intercalée dans le circuit plaque

Lorsqu'aucune différence de potentiel n'est appliquée entre la grille et le filament, il circule un courant *jo*. Si on appelle V la tension de la batterie intercalée entre filament et plaque, la tension à la plaque est :

$$V_1 = V - Rj_o$$

Tout se passe au point de vue du fonctionnement permanent comme si la résistance n'existait pas et si la tension plaque était V_1.

Appliquons maintenant une tension de valeur instantanée v_g, entre le filament et la grille, il tend à se superposer au courant *io* un courant alternatif de valeur instantanée *j*. À ce moment, la tension entre filament et plaque n'est plus que $V_1 - Rj$.

Cette diminution de la tension devrait avoir pour effet de diminuer le courant plaque de Rj/ρ, d'autre part l'action de la tension grille tend à l'augmenter de Kv_g / ρ, la valeur instantanée de la variation du courant est donc :

$$j = \frac{Kv_g}{\rho} - \frac{Rj}{\rho}$$

d'où :

$$\rho j = Kv_g - Rj$$

$$j = \frac{Kv_g}{R + \rho}.$$

Si Vg est la valeur efficace de la variation de la tension grille, *j* est la valeur efficace de la composante alternative, la seule qui nous intéresse et l'équation

$$j = \frac{Kv_g}{R + \rho}$$

est finalement l'équation générale des triodes.

Nous verrons par la suite que tout circuit d'utilisation peut être ramené à une résistance.

Mais examinons déjà le cas où ce circuit d'utilisation serait une résistance pure. En supposant que nous cherchions à utiliser l'effet amplificateur de la lampe à échauffer une résistance, quelle est l'énergie qui est dépensée par effet Joule dans cette résistance.

Puisque *j* est l'intensité efficace du courant alternatif d'amplification, elle est égale à :

$$Rj^2$$

ou

$$\frac{RK^2v_g^2}{(R+\rho)^2}.$$

Si R est nulle, cette énergie est nulle, si R est beaucoup plus grand que ρ, on peut négliger ρ devant R et écrire

$$\frac{RK^2v_g^2}{R^2}=\frac{K^2v_g^2}{R}$$

expression infiniment petite pour R infiniment grand.

Puisque, lorsque R croît de zéro à l'infini, la puissance utilisée va de zéro à zéro, dans l'intervalle elle doit passer par un maximum.

On démontre que ce maximum est atteint pour R = ρ.

La résistance d'utilisation doit être égale à la résistance interne de la lampe.

Ce théorème que nous avons établi pour un cas très particulier, et qui n'est pas celui de la pratique a un caractère absolument général. Il y a toujours une résistance équivalente d'utilisation qui doit être égale à la résistance interne.

Quelques remarques sur le facteur d'amplification et la résistance interne

Le facteur d'amplification dépend uniquement des dimensions géométriques de la lampe. On peut le calculer connaissant le diamètre du cylindre grille, le diamètre du cylindre plaque le diamètre du fil grille et le pas de l'enroulement.

Il n'en est pas de même de la résistance interne, elle dépend un peu de la tension plaque et de l'intensité du courant dans le filament. Ceci peut sembler en contradiction avec la façon dont nous l'avons définie, mais c'est qu'en réalité la région $v - dv$ et $v + dv$ dans laquelle on peut la définir comme nous l'avons fait est assez limitée.

Les principales lampes

Nous ne saurions décrire tous les modèles de lampes utilisées soit pour la réception, soit pour l'émission.

Nous reviendrons plus lard sur ces dernières et nous dirons quelques mots des lampes de réception. Nous n'insisterons pas sur leur forme que tout le monde connaît.

On sait que dans la lampe connue sous le nom de lampe TM et dont dérivent presque toutes les autres, la grille est constituée par un fil de molybdène ou de nickel enroulé en hélice. Le diamètre du cylindre grille est de 4 millimètres, le diamètre du fil de 0,2 mm et le pas de l'enroulement de 1.4 mm.

La plaque est un cylindre de nickel de 10 millimètres de diamètre.

La tension de chauffage du filament est de 4 volts, le courant de chauffage est compris entre o,6 et 0,7 ampère.

Le facteur d'amplification est de l'ordre de 10, la résistance interne est de 35 000 ohms, sous 80 volts et de 55 000 ohms sous 40 volts.

Le courant de saturation pour le chauffage sous 4 volts est d'environ 10 milliampères.

L'intensité du courant de chauffage assez élevée ne peut être fournie que par des accumulateurs et tout le monde sait que la recharge de ces appareils est une grosse sujétion pour ceux qui les emploient.

On pourrait évidemment diminuer la consommation en chauffant moins le filament, mais alors l'émission électronique deviendrait excessivement faible, et il est facile de comprendre que les modifications apportées par les variations de la tension grille dans un courant d'intensité faible seraient faibles (ce qui est une autre manière de dire que la résistance interne serait élevée). Par conséquent, l'énergie mise en jeu dans le phénomène de l'amplification, celle que nous désignions tout à l'heure par Rj^2 serait très minime.

On est arrivé récemment à constituer des filaments qui, pour de très faibles températures, ont une émission électronique aussi élevée que le tungstène à la température de 270° à laquelle on le fait travailler à la température ordinaire.

Il existe certains corps en particulier, le *thorium*, qui, à température égale fournissent une émission électronique incomparablement supérieure à celle du tungstène et par suite peuvent fournir à température plus basse la même émission.

Il ne serait pas possible de faire des filaments de thorium pur mais on est arrivé à incorporer le thorium dans le tungstène.

Dans ces conditions, le tungstène su recouvre d'une couche très mince (monomoléculaire), de thorium et c'est cette couche qui émet les électrons. Elle se détruit peu à peu, mais elle se reforme par du thorium venu de l'intérieur du filament et qui diffuse vers la périphérie.

Les moindres traces de gaz existant dans la lampe détruiraient rapidement cette mince couche de thorium. Il faut donc que le vide soit excellent.

Pour le réaliser, on place sur la plaque pendant la fabrication un peu de magnésium Lorsqu'on a fait le vide par les procédés ordinaires, on chauffe la plaque au four d'induction. Le magnésium se volatilise, absorbe les dernières traces de gaz et vient se condenser sur les parois qu'il recouvre d'une couche métallique opaque. Cette couche métallique s'oppose à toute émission do gaz qui pourrait se dégager de l'ampoule.

C'est ainsi qu'on a réalisé les lampes radio micro, microtriodes, etc.

La consommation de ces lampes dont le filament travaille au rouge sombre est très réduite.

Sous 4 volts, le filament consomme de 0,06 à 0,09 ampère. Elles peuvent donc être alimentées par des piles.

Les fabricants recommandent du reste de les faire travailler à des tensions un peu inférieures à 4 volts.

Il peut arriver qu'en poussant un peu trop le filament ou en mettant une tension un peu trop élevée sur la plaque, on ait provoqué une émission électronique trop forte. Dans ces conditions, la couche monomoléculaire de thorium se détruit trop vite pour que la diffusion ait le temps de la renouveler.

Au bout de quelque temps, cette couche de thorium a disparu, la lampe est devenue inactive.

On la régénère facilement en appliquant pendant un certain temps à ce filament une tension un peu plus faible que la tension de chauffage, aucune tension n'étant bien entendu appliquée entre plaque et filament.

Le courant grille

Jusqu'ici nous avons supposé qu'aucun électron n'était arrêté par la grille. En réalité il n'en est pas ainsi. Quelques électrons sont arrêtés par les mailles de la grille et donnent naissance à un faible courant dans les conducteurs reliant la grille au filament.

La figure 6 représente les variations de ce courant en fonction des variations de la tension grille, la tension plaque étant constante.

Ce courant est excessivement faible, ainsi pratiquement l'ordonnée OA est inférieure à un micro-ampère (millionième d'ampère). Mais il est un fait assez curieux.

Pour des tensions négatives de la grille par rapport au filament on voit d'abord le courant grille décroître. Ceci est naturel ; plus la grille est négative, plus elle repousse les électrons.

Mais le phénomène sur lequel nous voulons attirer l'attention est l'inversion du courant grille qui, comme le montre la figure 6, s'annule, change de signe, atteint une certaine valeur à laquelle il se maintient pour décroître ensuite.

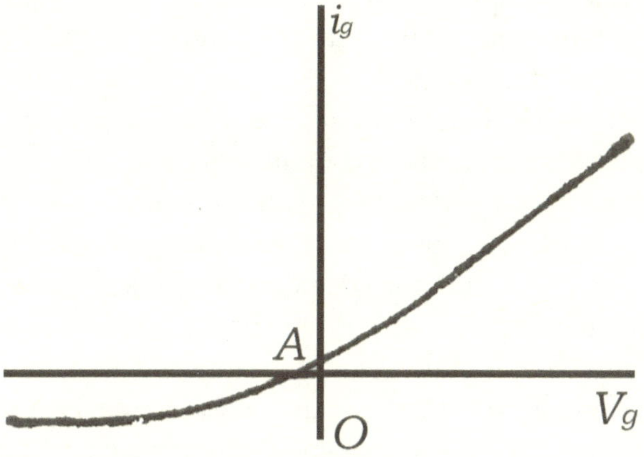

Fig. 6.

La raison de cette inversion est la suivante : les lampes ne sont jamais parfaitement vidées. Les électrons lancés par le filament rencontrent des molécules gazeuses dans l'espace grille plaque. Elles les ionisent, c'est-à-dire les cassent en expulsant un électron qui se dirige vers la plaque et laissent un noyau chargé positivement qui se dirige vers la grille.

Lorsque les charges positives apportées ainsi à la grille l'emportent sur les charges négatives venant des électrons qu'elle arrête, il y a inversion du courant grille. On conçoit facilement que la valeur maximum du courant grille inversé est un procédé pour apprécier la valeur du vide d'une lampe.

L'existence du courant grille amène quelques complications dans le fonctionnement des lampes. Si nous donnons à la tension grille une augmentation Δv_g le courant grille augmente de Δi_g.

$\Delta v_g / \Delta i_g$ est ce qu'on appelle la *résistance grille*

Nous avons dit que la source qui provoquait la différence de potentiel filament grille et actionnait ainsi le relais amplificateur constitué par la lampe n'avait aucune énergie à fournir. En réalité elle débitera sur cette résistance grille très élevée (de l'ordre de 800 000 ohms) et il y aura de ce fait une petite consommation d'énergie, ce qui aura pour résultat de diminuer les propriétés amplificatrices de la lampe.

Nous devons même signaler à ce point de vue un fait très curieux.

Placées sur un amplificateur à transformateurs, des lampes très bien vidées amplifient mal.

Pour ramener l'amplification à sa valeur normale il faut intercaler dans le circuit filament grille une pile rendant la grille légèrement négative par rapport au filament.

C'est qu'en effet le courant grille OA au point de fonctionnement est la différence de deux courants, le courant d'électrons et le courant d'ions positifs. Si la lampe est parfaitement vidée, le courant d'électrons existe seul, le courant grille est plus élevé, la résistance grille plus grande.

Signalons en passant un procédé pour abaisser légèrement la tension de la grille par rapport au négatif du filament : il suffit d'intercaler dans le conducteur reliant la grille à ce négatif un condensateur de quelques millièmes de microfarad shunté par une résistance de 3 à 4 mégohms

Cela suffit quelquefois pour augmenter notablement l'amplification d'une lampe.

La lampe comme détecteur

Rappelons d'abord ce que c'est qu'un détecteur : c'est un système qui laisse passer plus facilement le courant dans un sens que dans l'autre.

La lampe peut jouer le rôle de détecteur de deux façons :

1. - Détection par la plaque. — Considérons (fig. 7) la caractéristique de la lampe.

Si au moyen d'une batterie de piles nous fixons le potentiel de la grille à une valeur telle que ON, de façon que la valeur MN soit voisine du courant de saturation, dans le coude de la caractéristique, une augmentation NN_1 de la tension grille ne donne presque aucune augmentation du courant plaque. Au contraire une diminution NN_1 de la tension grille provoquera une notable diminution du courant plaque. Le coude supérieur de la caractéristique se prête donc théoriquement à la détection.

Pratiquement ce point conviendrait mal, car pour le point de fonctionnement ON le courant grille est important, la résistance

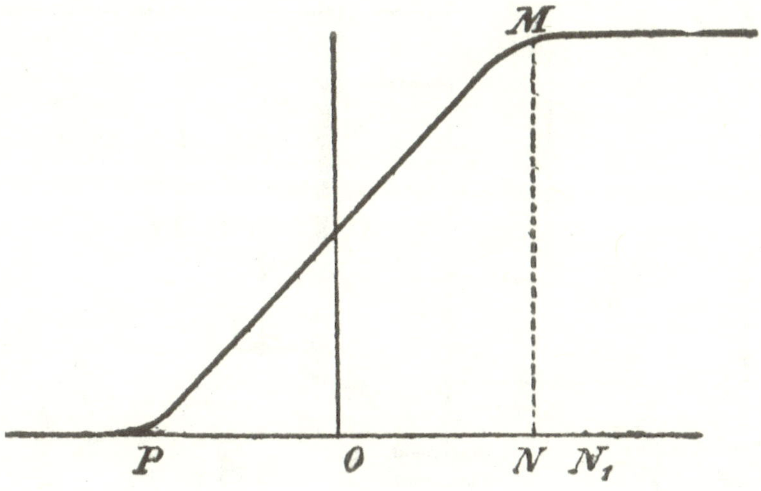

Fig. 7.

filament grille faible, il y aurait une consommation importante d'énergie dans le circuit filament grille. Pareil inconvénient ne se manifeste pas sur le coude inférieur.

Si nous fixons le potentiel de la grille à la valeur OP, négative par rapport au filament on voit immédiatement que des variations positives de la tension grille provoquent des variations plus importantes du courant plaque que des variations négatives. C'est cette région qu'il convient de choisir quand on veut détecter par la plaque. Ici, la résistance grille est pratiquement infinie, mais la résistance interne de la lampe est assez élevée.

2. - **Détection par la grille**. — Supposons que la différence de potentiel à détecter soit intercalée (fig. 8) entre le positif du filament et la grille. Sur le conducteur allant à la grille, intercalons un petit condensateur de l'ordre de quelque dix millièmes de microfarad shunté par une résistance de 4 à 5 mégohms.

Soit i la valeur du courant grille, à un moment où la tension des oscillations à détecter est nulle.

La différence de potentiel entre la grille B et le filament est en désignant par zéro le potentiel du négatif du filament + 4 - Ri (nous appelons R la haute résistance intercalée). Si la tension à détecter prend une valeur positive + v, le courant filament grille prend une valeur plus élevée $i + i_1$, et la tension au point B de la fig. 8 est :

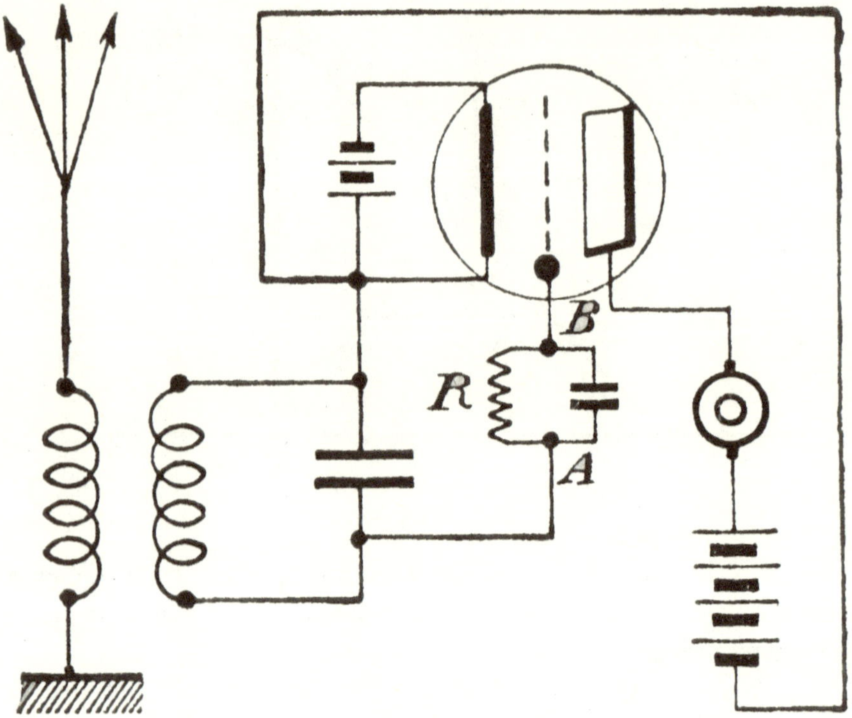

Fig. 8.

$$+ 4 + v - R(i + i_1)$$

ou en posant

$$+ 4 - Ri = v_0$$

$$v_0 + v - Ri_1$$

Si au contraire la tension à détecter prend une valeur négative $- v$, le courant filament grille prend une valeur $i - i_2$ et la tension de la grille par rapport au filament est :

$$v_0 - v + Ri_2$$

Si on avait $i_1 = i_2$, la grille serait soumise à des tensions alternatives égales et de signes contraires par rapport ou potentiel de fonctionnement normal v_0. Il y aurait dans la plaque des fluctuations égales et de signe contraire, mais aucune détection.

Mais si nous envisageons la caractéristique grille (fig. 9) nous voyons qu'elle a une courbure assez prononcée, au voisinage de v_0.

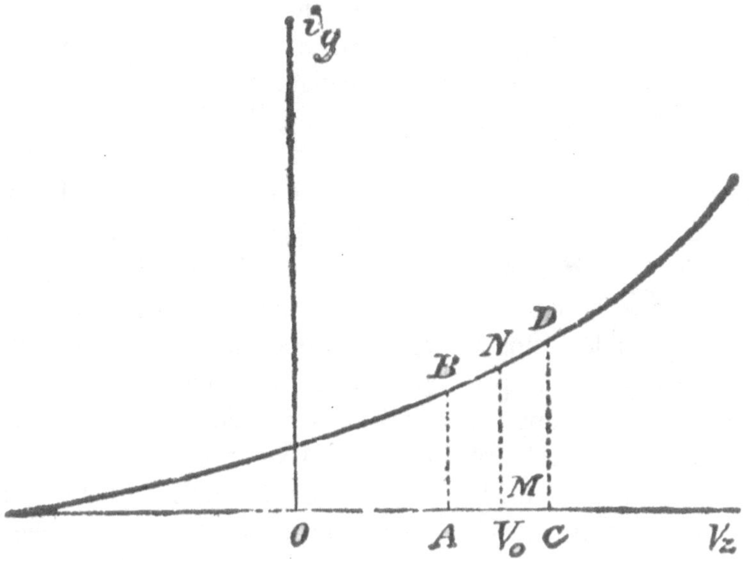

Fig. 9.

Donc i_2 = MN - AB est plus petit que i_1 = CD - MN.

L'augmentation de courant plaque correspond à l'alternance positive v - R_1, sera plus petite que la variation correspondant à l'alternance négative - (v - Ri_2). Les variations provoquées par l'alternance négative du courant à détecter sur le courant plaque seront plus importantes que celles correspondant à l'alternance positive.

Il y aura bien détection.

Au lieu de placer la résistance élevée R en shunt sur le petit condensateur, on peut la placer entre le point A et le positif du filament. Le résultat est le même.

Le petit condensateur lui, sert au passage des oscillations

La lampe à deux grilles

Comme nous l'avons dit, le facteur d'amplification ne dépend que des données géométriques de la lampe.

Il semble donc facile par des dimensions convenablement choisies, d'augmenter considérablement ce facteur. Malheureusement, tout ce qui tend à augmenter ce facteur a aussi pour effet d'augmenter la résistance interne. On est donc amené, si on veut utiliser des lampes à grand facteur d'amplification, à intercaler dans les circuits plaque des résistances élevées. Outre l'inconvénient d'utiliser de semblables résistances, comme elles provoquent par suite du courant permanent une chute de tension, pour obtenir entre le filament et la plaque proprement dite la différence de potentiel convenable, il sera nécessaire d'utiliser pour alimenter la plaque une tension très élevée.

Il existe pourtant un moyen qui permet d'utiliser des lampes de grand coefficient d'amplification, n'ayant pas une résistance interne trop élevée. C'est de diminuer le diamètre du cylindre grille. Mais on est arrêté dans cette voie par des considérations mécaniques.

Il est impossible de trop rapprocher la grille du filament sinon ce dernier s'incurvant toujours un peu sous l'action de la chaleur, risque de venir toucher la grille. La lampe à deux grilles permet d'éviter ces inconvénients.

La grille intérieure la plus lâche (c'est-à-dire dont les fils sont plus espacés) est portée à un potentiel positif de quelques volts (6 à 10) par rapport au filament. Étant assez rapprochée du filament, elle attire énergiquement les électrons qui la traversent. Cette grille intérieure se comporte comme la source d'émission des électrons par rapport à la grille extérieure et à la plaque.

Les grilles étant rigides, on peut rapprocher la première grille de la deuxième et on obtient des lampes de grand facteur d'amplification et de faible résistance interne qui fonctionnent même sous des tensions plaque bien inférieures à celles nécessaires pour des lampes ordinaires.

Tel est le principe des lampes françaises à deux grilles.

Dans les lampes allemandes on emploie un montage différent. La grille intérieure est lâche, le facteur d'amplification K_1 de cette grille est faible, la deuxième grille est serrée, son facteur d'amplification K_2 est élevé. La tension à amplifier est appliquée entre la première grille et le filament. Une tension d'une vingtaine de volts par exemple est appliquée entre le filament et la deuxième grille, la tension plaque étant par exemple d'une trentaine de volts.

On démontre que, avec ce montage, le facteur d'amplification est égal au produit K_1K_2.

Ainsi avec $K_1 = 3$, $K_2 = 30$ et les tensions indiquées plus haut, on obtient une amplification de 90.

Chapitre III

Les amplificateurs

Nous examinerons d'abord le cas de ce que nous autres radiotélégraphistes nous appelons des *amplificateurs basse fréquence* et qu'un électricien ordinaire appellerait *amplificateurs pour fréquences musicales.*

Historiquement, ce sont les premiers réalisés et l'étude de la réalisation de ces appareils nous aidera à comprendre celle des appareils pour haute fréquence.

Envisageons d'abord le cas d'un amplificateur à une seule lampe. Cherchons la valeur à donner aux écouteurs téléphoniques intercalés dans le circuit plaque.

L'écouteur est parcouru normalement par le courant i_0 de la plaque.

Lorsqu'une tension alternative de fréquence musicale est appliquée entre le filament et la grille à i_0 vient se superposer un petit courant alternatif de fréquence musicale qui fait vibrer la plaque du téléphone. Soit i la valeur maximum de ce courant, n le nombre de spires du téléphone, l'attraction maximum qui s'exerce sur la plaque du téléphone est proportionnelle à ni, elle est Kni. Le déplacement maximum de la plaque est donc aussi proportionnel à ni soit K'ni. Or, on démontre que l'énergie de la vibration sonore est proportionnelle au carré de l'amplitude de la vibration. L'énergie sonore est donc proportionnelle à n^2i^2 ou à $n^2i_1{}_2$, en désignant par i_1 la valeur efficace du courant alternatif.

Mais la résistance du téléphone est proportionnelle au carré du nombre de spires. En effet si, par exemple, on veut mettre deux fois plus de spires, le fil devra avoir une section deux fois moindre ce qui doublera la résistance de chaque spire. De plus comme il y aura deux fois plus, la résistance totale sera quatre fois plus grande. On peut donc dire que l'énergie sonore est proportionnelle au produit de la résistance par le carré de l'intensité efficace du courant alternatif, qu'elle est de la forme ARi_1^2.

D'autre part nous avons vu que si on désignait par v_g la valeur efficace de la tension appliquée entre le filament et la grille on aurait :

$$i_1 = kv_g / (R+\rho)$$

l'énergie sonore est donc proportionnelle à :

$$k^2 v_g^2 R / (R+\rho)^2$$

et on peut démontrer comme précédemment que cette expression est maximum quand $R = \rho$.

C'est pour cela qu'il convient d'employer des écouteurs de haute résistance.

Il serait pratiquement impossible de réaliser des écouteurs de 24 à 30 000 ohms. On emploie des écouteurs de 2 000 ou de 4 000 ohms.

Il ne faut pas oublier du reste que ce qu'on appelle résistance d'un écouteur c'est sa résistance en courant continu. Cette résistance est plus que doublée en courant alternatif de fréquence musicale. La résistance d'un casque de 4 000 ohms est en courant de fréquence 1 000 de l'ordre de 10 000 ohms.

Mais l'amplification donnée par une seule lampe serait insuffisante dans bien des cas. Aussi monte-t-on plusieurs lampes amplificatrices en série, les liaisons étant faites soit par transformateurs, soit par résistances.

Amplificateurs à liaisons par transformateurs

La figure 10 donne le montage d'un amplificateur à liaison par transformateur à trois lampes.

Pratiquement il est possible de monter jusqu'à 3 lampes en série. Au-delà, on se heurte à certaines difficultés sur lesquelles nous reviendrons.

Le primaire d'un transformateur est intercalé dans le circuit plaque, le secondaire est connecté entre le négatif du filament et la grille de la lampe suivante. On se rend compte que les variations du courant plaque dans le circuit primaire produisent dans le secondaire des variations de tension qui agissent entre la grille et le filament de la seconde lampe.

Quel nombre de spires convient-il de choisir pour ces transformateurs ?

Le nombre de spires primaires doit être assez élevé, pour que des variations de courant assez faible donnent naissance à des variations d'induction importantes dans, le fer du transformateur.

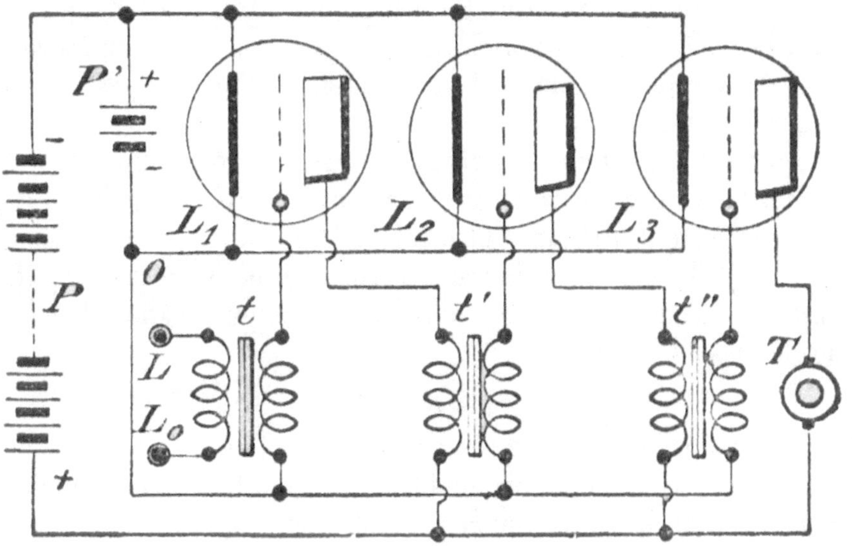

Fig. 10.

Quant au rapport entre le nombre de spires primaires et le nombre de spires secondaires on pourrait le déduire des considérations suivantes.

Considérons un transformateur parfait (sans fuites et dont le noyau serait constitué par du fer très perméable). Soit n_1 nombre de spires primaires, n_2 le nombre de spires secondaires. R la résistance intercalée entre les deux bornes du secondaire.

Posons $n_2 / n_1 = n$. On démontre qu'au point de vue de ce qui se passe dans le circuit primaire, on pourrait supprimer le transformateur et le remplacer par une résistance R' telle que :

$$R' = R / n^2$$

Donc dans le cas des transformateurs de liaison, désignons provisoirement par R (nous verrons plus loin ce que cela désigne) la résistance sur laquelle travaille le secondaire.

Si nous appelons encore n le rapport de transformation, tout se passe au point de vue du circuit plaque de la première lampe comme si on avait intercalé dans ce circuit primaire une résistance R' = R / n^2. Mais nous avons vu plus haut que les conditions optimums, seraient remplies si R' = ρ. ρ résistance interne de la lampe. La relation R / n^2 = ρ, en admettant que nous connaissions R permettrait de calculer *n*.

Maintenant que représente R ? Les premiers constructeurs qui ont essayé de réaliser des transformateurs de liaison dans les amplificateurs, ont tenu le raisonnement suivant : nous savons qu'un léger courant circule de la grille au filament.

Donnons à la tension grille une légère augmentation Δv_g, le courant filament grille prend une augmentation Δi_g. Le quotient $\Delta v_g / \Delta i_g$ représente la résistance filament grille. C'est sur cette résistance que travaille le secondaire du transformateur. Si nous appelons ρ' cette résistance qu'on peut mesurer, le rapport de transformation doit être calculé par la formule :

$$\rho' / n^2 = \rho$$

Ce raisonnement peut être exact dans certains cas.

Nous avons dit que sur un amplificateur à transformateurs, certaines lampes trop bien vidées amplifiaient mal. C'est précisément parce que dans ces lampes qui donnent au point de fonctionnement (grille au potentiel négatif du filament), un courant grille assez élevé, la résistance ρ' est faible, le rapport de transformation ne convenait plus.

Mais nous avons dit qu'il suffisait d'intercaler une pile entre le filament et la grille pour rétablir l'amplification habituelle. On se replace dans la région de courant grille convenable.

Ceci suffit pour nous montrer que le raisonnement précédent est insuffisant.

Il suffirait de se placer, en intercalant une différence de potentiel convenable, dans la région où il n'y a plus de courant grille proprement dit (plus d'absorption d'électrons par la grille), pour que ρ' devienne infini. Le secondaire du transformateur de liaison travaillerait en circuit ouvert et il semble qu'on aurait intérêt à donner au rapport de transformation la plus grande valeur possible.

En réalité, abstraction faite du courant filament grille, tout se passe comme si le secondaire du transformateur de liaison travaillait sur une résistance dont la valeur dépend de ce qui est intercalé dans le circuit plaque de la seconde lampe. Nous ne pouvons en donner ici la démonstration un peu compliquée au point de vue mathématique. Nous dirons que c'est simplement une conséquence du fait qu'il y a une certaine capacité entre la grille et la plaque. Donc la résistance fictive filament grille dépend aussi de cette capacité grille plaque, de la fréquence du courant à amplifier et de la nature des conducteurs qui se trouvent dans le circuit plaque.

Nous énoncerons les principes suivants :

- Si dans le circuit plaque de la seconde lampe se trouve intercalée une résistance ou une capacité, la résistance fictive est vraiment une résistance.
- Si, au contraire, c'est une self-induction qui est intercalée, pour certaines fréquences, *l'application des formules conduit à une résistance négative.*

Nous verrons dans la suite que l'idée de résistance négative est équivalente dans certains cas à celle de productions d'oscillations ; nous concevons déjà qu'il y a là une explication du phénomène bien connu d'amorçages d'oscillations dans les amplificateurs et nous concevons aussi qu'on peut les supprimer, soit en modifiant la capacité grille plaque par l'adjonction d'une capacité auxiliaire, soit en modifiant par une capacité mise en parallèle la self-induction du circuit d'utilisation.

Il est donc bien difficile de connaître la valeur à attribuer à la résistance filament grille pour l'introduire dans le calcul indiqué plus haut, puisque cette résistance dépendra de ce que nous placerons comme circuit d'utilisation dans la plaque de la deuxième lampe et de la fréquence du courant à amplifier.

Quoi qu'il en soit, désignons par ρ' cette résistance ; nous avons vu qu'au point de vue de la première lampe, tout se passera comme si une résistance était intercalée dans le circuit plaque de cette lampe.

Soit e^g la tension appliquée entre le filament et la grille de la première lampe, la tension aux bornes de la résistance fictive équivalente au transformateur sera :

$$[Ke_{1g} \times (\rho'/n^2)] \;/\; (\rho + (\rho'/n^2))$$

La tension e_{2g} aux bornes du secondaire, c'est-à-dire entre le filament et la grille de la deuxième lampe sera :

$$e_{2g} = [nKe_{1g} \times (\rho'/n^2)] \;/\; (\rho + (\rho'/n^2))$$

et le facteur d'amplification en volt du système :

$$e_{2g} / e_{1g} = [nK (\rho'/n^2)] / (\rho + (\rho'/n^2))$$

On démontrerait comme précédemment, que ce facteur d'amplification en volt est maximum quand $\rho = (\rho'/n^2)$.

Le facteur d'amplification en volt maximum est donc :

$$nK / 2$$

Pratiquement surtout dans les appareils basse fréquence et en tenant compte de la remarque faite sur les lampes trop bien vidées la résistance ρ' est très élevée, de l'ordre du mégohm (million d'ohms).

En supposant ρ = 30 000 ohms, on devrait avoir :

$$30\,000 = 10^6 / n^2$$

ce qui conduirait à des rapports de transformation voisins de 6.

Généralement on utilise des rapports de transformation voisins de 4 à 5. On est, en effet, limité dans l'augmentation du rapport de transformation.

Si on cherche en effet à avoir des transformateurs à grand rapport de transformation, on est amené à mettre beaucoup de spires sur le secondaire, ces fils très voisins présentent entre eux de la capacité.

On démontre que l'influence de la capacité entre fils est équivalente à une petite capacité placée entre les deux extrémités du secondaire.

L'effet de cette capacité est complexe.

Dans bien des cas elle nuit au bon fonctionnement du transformateur. C'est donc pour qu'elle ne soit pas trop grande qu'on cherche à ne pas trop mettre de spires au secondaire et qu'on se tient au-dessous du rapport de transformation optimum.

Il est des cas, au contraire, où cette capacité a pour effet d'augmenter l'amplification en volts pour une fréquence donnée du courant à amplifier.

Les transformateurs en effet, ne sont pas parfaits. Ils présentent ce qu'on appelle des fuites, c'est-à-dire que toutes les lignes de force d'induction, produites par le circuit primaire ne restent pas dans le fer et ne traversent pas l'enroulement secondaire.

On démontre que l'influence des fuites est équivalente à l'introduction d'une bobine de self-induction d'inductance donnée en série avec un transformateur parfait.

Dans ces conditions, l'ensemble du circuit plaque et du transformateur est équivalent au schéma donné dans la figure 11.

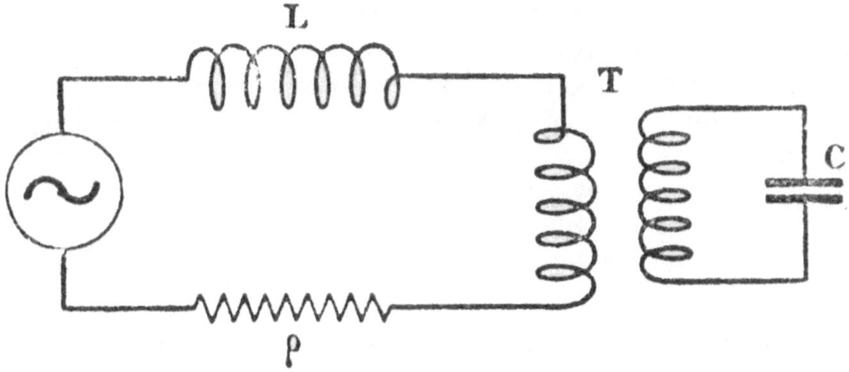

Fig. 11.

Dans cette figure nous avons représenté par un alternateur donnant une force électromotrice *Keιg*. L'action de la grille sur le circuit plaque, par ρ, la résistance interne de la lampe, par L la self-induction équivalente aux fuites, par T le transformateur supposé parfait et par C la capacité équivalente à la capacité entre fils du secondaire.

On reconnaîtra que ce schéma est la reproduction du montage utilisé jadis pour la production des ondes amorties et qu'on appelait montage en résonance.

On voit que pour une fréquence donnée qui dépend des valeurs de L et de C, la tension aux bornes du transformateur peut devenir très grande. C'est pour cela que presque tous les transformateurs ont une fréquence privilégiée qu'ils amplifient particulièrement bien.

Si cette fréquence (et c'est très souvent le cas), correspond à une des fréquences de la parole ou à une fréquence musicale, l'amplificateur aura une tendance à donner une prédominance à cette note. Il y aura tendance à la déformation de la parole ou de la musique.

Nous donnons comme exemple, les données d'un bon transformateur de basse fréquence.

Le transformateur est construit en tôles au silicium de 2,5 dixièmes de millimètres. La section du fer est de 5 centimètres carrés.

Le primaire comporte 3 200 spires de fil émaillé de 15/100 de millimètre, le secondaire, 15 000 spires de 10/100.

Les enroulements primaires et secondaires sont superposés mais enroulés sur des bobines cloisonnées comprenant chacune 800 spires pour le primaire et 15000/4 spires pour le secondaire.

Dans la figure 10 représentant l'amplificateur basse fréquence à trois lampes, nous avons représenté un transformateur d'entrée.

Le rapport de transformation de ce transformateur se calcule par des considérations identiques à celles indiquées pour les transformateurs de liaison. Si on désigne par R la résistance du circuit extérieur et par ρ' la résistance du circuit filament grille de la première lampe, on doit avoir :

$$R = \rho' / n^2$$

Ainsi par exemple, si le primaire doit consister en un microphone d'une trentaine d'ohms, on prendra un rapport de transformation de 20 à 30.

De plus, il faut ici que la résistance de l'enroulement du primaire (résistance que nous avons toujours négligée jusqu'ici), ne soit pas trop grande. Dans le cas envisagé, on devra pour ce primaire prendre du fil assez gros et ne pas mettre trop de spires de façon que la résistance soit de l'ordre de 15 à 20 ohms.

Si au contraire on veut amplifier le courant détecté par une galène, on prendra comme rapport de transformation 6 à 7.

On laissera le même nombre de spires au secondaire et on augmentera le nombre des spires primaires, ce qui conduira à une résistance primaire d'une centaine d'ohms.

Dans la figure 10 le téléphone est placé directement dans le circuit plaque. Dans certains cas il est le secondaire d'un transformateur. Cette précaution n'est pas utile mais on croit souvent bon de la prendre pour éviter aux écouteurs d'être désaimantés par le passage continu du courant plaque.

Ces transformateurs de sortie sont de rapport 1. On les constitue de deux enroulements identiques au primaire des transformateurs de liaison.

Amplificateurs à liaisons par résistances

La fig. 12 représente un certain nombre de lampes couplées par ce procédé.

Une résistance élevée de l'ordre de 70 000 à 75 000 ohms est intercalée dans la plaque d'une lampe ; une capacité dont la grandeur dépend des fréquences que l'on veut amplifier réunit l'extrémité de cette résistance la plus rapprochée de la plaque à la grille de la lampe suivante.

Cette grille est, d'autre part, réunie par une résistance très élevée (4 à 5 mégohms) au négatif du filament.

Dans ces conditions, cette grille est donc normalement au potentiel du négatif du filament. Mais si on fait varier brusquement le potentiel de la grille de la première lampe, si par exemple on l'élève, le courant plaque augmente ; par exemple, le courant filament plaque dont la valeur était égale à i devient $i + \Delta i$.

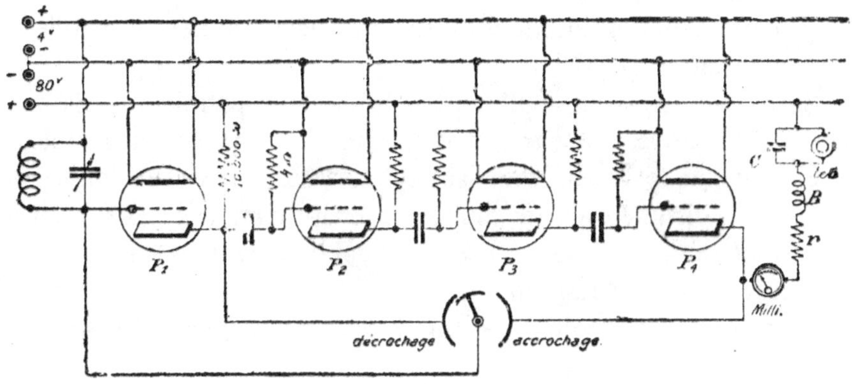

Fig. 12.

L'extrémité de la résistance la plus rapprochée de la plaque était primitivement au potentiel U - Ri, U tension de la batterie plaque, R valeur de la résistance, il tombe à U - Ri - RΔi.

Le potentiel de l'armature du condensateur reliée à cette extrémité passe aussi de U - Ri à U - Ri - RΔi. Si l'autre armature était isolée, la charge du condensateur devant rester constante, son potentiel s'abaisserait aussi de RΔi. Pratiquement l'armature n'est pas isolée puisque, comme nous l'avons dit, elle est reliée au négatif du filament par l'intermédiaire d'une résistance élevée.

Elle tendra donc à se remettre au potentiel du négatif du filament, mais lentement. Pour la ramener à ce potentiel, il faudra lui fournir une quantité d'électricité égale à CRΔi.

Le courant qui circulera du négatif du filament vers cette armature sera au maximum RΔi / ρ (ρ valeur de la résistance élevée).

En admettant que ce courant soit constant (ce qui n'est pas vrai, mais nous faisons cette hypothèse pour éviter un calcul un peu compliqué), la grille de la deuxième lampe n'aurait repris sa charge qu'au bout d'un temps *dt* tel que :

$$CR\Delta i = (R\Delta i / \rho)\, dt$$

ou

$$dt = C\rho$$

Ce temps sera donc d'autant plus grand que le produit Cρ est plus grand. (Le calcul correct aurait conduit à une valeur plus grande pour le temps *dt*).

On voit donc que des variations brusques de la grille de la première lampe entraînent des variations brusques de durée limitée de la grille de la seconde lampe.

En particulier, si on applique à la grille de la première lampe une tension alternative, elle se transmettra à la grille de la seconde lampe.

On conçoit également que dans ce cas, pour une valeur donnée de ρ, C doit avoir une capacité choisie en tenant compte de la fréquence qu'on veut amplifier de façon à ce que le condensateur ait le temps de se décharger à travers la résistance ρ.

Pour ρ = 4 mégohms, les valeurs les plus convenables sont les suivantes :

Fréquence	Capacités (microfarads)	Fréquence	Capacités (microfarads)
100 000	0,00005	30	0,15
30 000	0,00015	3	1,5
3 000	0,0015	0,3	15
300	0,015		

L'amplification en volts d'un appareil à résistances, est bien moindre que celle d'un appareil à transformateurs.

Soit e_{1g} la tension efficace appliquée à la grille de la première lampe, la variation de tension à l'extrémité de la résistance R est en appliquant une équation souvent utilisée :

$$e_2 = \frac{K e_{1g} R}{R + \rho}$$

et l'amplification en volts :

$$e_2 / e_1 = K \, (R / (R+\rho))$$

ρ résistance interne de la plaque à 30 000 ohms.

Si on fait R = 70 000, on trouve pour amplification en volts :

$$K \, (70\,000 / 100\,000)$$

Il suffit de comparer à l'expression donnée plus haut pour le cas des liaisons par transformateurs en faisant $n = 4$ par exemple pour se rendre compte de la différence d'amplification en volts dans les deux cas.

Il faudra donc plus de lampes dans les appareils à liaison par résistances que dans les appareils à liaison par transformateurs pour obtenir le même résultat.

Divers modèles de résistances ont été utilisés : résistances en charbon, en crayon, en papier crayonné. On a essayé également des résistances constituées par des dépôts métalliques très minces obtenus par pulvérisation cathodique sur les parois d'un tube de verre.

Toutes ces résistances ont l'inconvénient de s'altérer avec le temps. Elles présentent aussi des variations brusques et perpétuelles qui donnent des bruits de friture dans les appareils.

On a utilisé parfois des résistances métalliques de 50 000 ohms constituées par du fil de manganin enroulé en bobine plate.

Les résistances de 4 mégohms sont constituées le plus souvent par du papier plombaginé ou enduit d'encre de Chine et recouvert de paraffine pour le protéger.

Ces résistances s'altèrent également très rapidement.

Amplificateur à résonance

Supposons que dans le montage par liaison à résistance, on remplace la résistance élevée par un système composé d'une bobine de self-induction et d'une capacité en parallèle.

Si la bobine était une inductance pure, c'est-à-dire sans résistance, si la capacité est parfaitement isolée, on démontre que, pour les courants alternatifs ayant une pulsation ω telle que :

$$LC\omega^2 = I$$

- C valeur de la capacité dans le système électromagnétique C. G. S.,
- L coefficient de self-induction de la bobine,
- dans le même système d'unités, l'ensemble bobine de self-induction,
- La capacité se comporte comme une résistance de valeur infiniment grande.

Pratiquement, les conditions que nous avons indiquées pour la bobine de self-induction et la capacité ne peuvent être remplies.

En particulier, il est absolument impossible de réaliser une bobine de self-induction sans résistance. Soit *r* cette résistance. On démontre que dans ce cas pour les courants alternatifs de fréquence telle que $LC\omega^2 = I$, l'ensemble self-induction capacité est équivalent à une résistance :

$$R = L / Cr$$

Si donc on fait L grand, C petit, *r* suffisamment faible, tout se passe encore pour les courants alternatifs de pulsation ω comme s'il s'agissait d'un amplificateur à résistance, dont R serait la valeur de la résistance de liaison. Or, nous avons vu que le facteur d'amplification en volts pour un amplificateur à résistances est :

$$K (R / (R+\rho))$$

Si R est très grand, on peut négliger ρ devant R et le facteur d'amplification devient égal à K.

Mais dans l'amplificateur à résistance ordinaire, on est limité dans les valeurs à donner à R, par ce fait que le courant permanent filament plaque, produit une chute de tension dans la résistance R.

La tension réelle entre le filament et la plaque, en appelant U la tension de la batterie d'alimentation et *io* le courant permanent filament plaque, n'est plus que U - R*io*. Si on donne à R des valeurs trop grandes, la tension filament plaque devient faible, la résistance interne de la lampe devient grande. En même temps qu'on augmente R, on augmente ρ.

C'est pour cela que nous avons dit plus haut que pour les lampes ordinaires, alimentées sous 80 volts, il ne convenait pas de donner à R des valeurs supérieures à 80 000 ohms.

Cet inconvénient n'existe pas pour les amplificateurs à résonance. Ce n'est que pour les courants alternatifs de pulsation ω que l'ensemble self-induction capacité est équivalent à une résistance élevée. Pour le courant permanent, ce qui intervient c'est la résistance ohmique *r* toujours très faible de la bobine, la tension U - *rio* est très voisine de l'U. On peut donc, par un dimensionnement convenable de L, de C et de *r* donner à la résistance équivalente R, une valeur très grande et avoir une amplification en volts très voisine de K.

On peut même aller plus loin et en n'intercalant dans le circuit plaque qu'une partie des spires de la bobine de self-induction, obtenir des amplifications en volts plus grandes que K mais seulement pour les courants alternatifs de pulsation ω telle que $LC\omega 2 = I$.

En résumé nous voyons que les amplificateurs à résistance amplifient également bien toutes les fréquences, du moins dans une bande de fréquences assez élevées.

De même l'amplificateur à transformateur amplifie bien toute une bande de fréquence mais, par suite des capacités entre les enroulements, cette amplification n'est pas constante. Il y a une fréquence privilégiée et l'amplification diminue progressivement de part et d'autre de cette fréquence. Si l'on s'en sert pour amplifier la parole, il peut y avoir des phénomènes de déformation.

L'amplificateur à résonance n'amplifie qu'une seule fréquence. Il ne conviendrait donc nullement comme amplificateur téléphonique. Mais on l'utilise fréquemment comme amplificateur de basse fréquence placé derrière un amplificateur haute fréquence et une lampe détectrice.

On fait en sorte que la fréquence de la note de la transmission à recevoir soit précisément celle qu'amplifie l'appareil.

On évite ainsi les brouillages dus aux autres transmissions et la gêne causée dans les postes à arc par l'onde de repos.

Les accrochages dans les amplificateurs

Il arrive souvent que les amplificateurs à plusieurs lampes fassent entendre dans le téléphone un son musical qui prend naissance dans l'appareil. On dit que *l'appareil s'accroche*. Nous allons donner une explication de ces amorçages d'oscillations, cette explication devant nous être utile dans la suite pour expliquer la production d'oscillations par les lampes à 3 électrodes.

Il y a toujours une liaison électrique entre l'entrée de l'amplificateur et sa sortie, soit par suite d'un isolement qui n'est pas assez élevé, soit le plus souvent par suite de capacités électrostatiques (capacité des accumulateurs par rapport au sol, capacité de l'appareil, capacité même par rapport au sol de l'opérateur qui porte les écouteurs téléphoniques).

Il résulte qu'une fraction petite, mais finie de la différence de potentiel amplifiée qui sort de l'appareil vient agir sur le circuit d'entrée pour être amplifiée de nouveau et ainsi de suite.

Examinons de plus près comment toutes ces différences de potentiel successivement amplifiées se superposent.

Cette étude est très facile en employant la représentation vectorielle des courants alternatifs, mais pour faciliter la tâche des lecteurs peu habitués aux mathématiques nous représenterons dans nos figures les courants alternatifs eux-mêmes.

Supposons qu'on applique à l'entrée de l'amplificateur une différence de potentiel alternative de la forme $e \sin \omega t$.

Soit 10 pour fixer les idées, d'amplification de l'appareil étudié. Nous trouvons à la sortie une différence de potentiel alternative de même fréquence et d'amplitude maximum 10 e. Supposons que le millième de cette différence de potentiel amplifiée vienne agir sur l'entrée de l'amplificateur, c'est une différence de potentiel $10e/1000 = e/100$ qui, amplifiée, donne naissance à une différence de potentiel alternative à la sortie $10e/100 = e/10$. Celle-ci renvoie à son tour $e10 \times 1/1000 = e/10000$ à l'entrée de l'amplificateur qui, amplifiée, donne $e/1000$ etc.

Nous avons donc à la sortie de l'appareil superposition de différences de potentiel alternatives de même fréquence d'amplitude maximum 10 e, $e/10$, etc.

Maintenant il s'agit de différence de potentiel alternatives qui peuvent ne pas passer par leur valeur maximum en même temps.

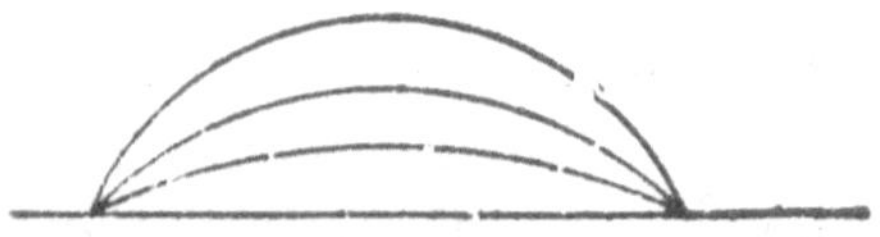

Fig. 13.

Supposons que, comme dans la figure 13 où nous avons représenté une demi-période de toutes ces différences de potentiel amplifiées, elles passent toutes par leur maximum en même temps, autrement dit qu'elles sont en phase. Leur résultante est évidemment une différence de potentiel alternative dont l'amplitude maximum est :

$$10e + e/10 + e/1000 + \ldots = 10e\,(1 + 1/100 + 1/10000\ldots)$$

Le terme entre parenthèses est ce qu'on appelle en mathématique une progression géométrique décroissante de raison 1/100. On démontre que cette somme infinie de termes devenant de plus en plus petits, est égale à un nombre fini naturellement plus grand que I.

Donc par le fait que pour une raison quelconque, une partie de la différence de potentiel amplifiée vient réagir sur l'entrée de l'amplificateur, la différence de potentiel amplifiée qui aurait dû être $10e$ est plus grande que $10e$, mais a une valeur finie.

Sur la fig. 14, les diverses différences de potentiel ne sont plus en phases, mais sont légèrement décalées. Les premiers termes les plus importants s'ajoutent encore et on conçoit facilement que la différence de potentiel soit encore un peu plus grande que s'il n'y avait pas eu réaction entre l'entrée et la sortie de l'amplificateur.

Fig. 14.

Mais si le décalage est plus marqué, comme sur la figure 15, on voit qu'au lieu de s'ajouter à la différence de potentiel principale, les différences de potentiel de réaction les plus élevées s'en retranchent et il y a diminution d'amplification.

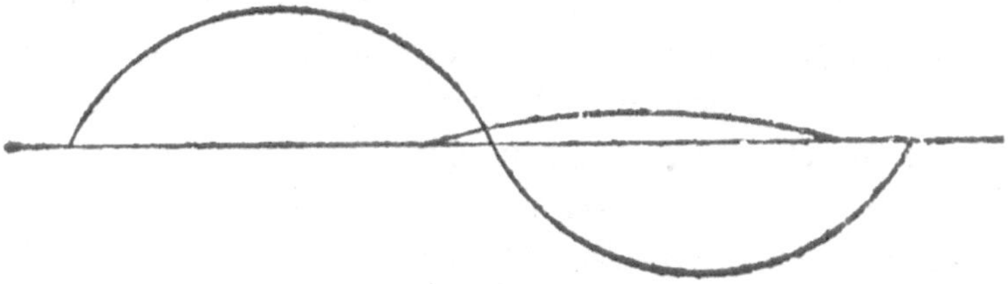

Fig. 15.

Ainsi suivant les phases respectives des composantes de réaction, il y a augmentation ou diminution de l'amplification mais en aucun cas il n'y a eu accrochage.

Supposons maintenant que l'amplification soit encore 10 mais que le cinquième de la différence de potentiel amplifiée soit renvoyée sur l'entrée. Nous appliquons une différence de potentiel e, qui donne une différence de potentiel $10e$, la différence de potentiel renvoyée à l'entrée est $10e / 5 = 2e$ qui, amplifiée, donne $20e$ etc.

Si nous supposons encore que toutes ces différences de potentiel soient en phases, nous avons comme composante une somme de terme de la forme :

$$10e + 20e + 40e + \ldots = 10e\,(1 + 2 + 4 \ldots)$$

Le terme entre parenthèses est cette fois-ci une progression géométrique croissante. Mathématiquement, la somme de tous les termes est infinie. Pratiquement, il ne saurait en être ainsi, mais ce qu'on peut dire, c'est que l'amplification est excessivement grande. Pour qu'il en soit ainsi il faut :

1°. Que la fraction de la différence de potentiel à la sortie renvoyée sur l'entrée soit grande ;

2°. Que toutes ces différences de potentiel soient en phase.

Or la phase de toutes ces différences de potentiel dépend évidemment de la self-induction des appareils de liaison entre lampes, de la capacité des lampes, mais aussi de la fréquence du courant envisagé. Pour le comprendre, il suffit de se rappeler que dans un circuit alternatif, le décalage du courant sur la tension est de la forme $L\omega/R$.

Donc, pour un amplificateur donné, il y aura toujours une certaine fréquence pour laquelle notre condition 2 (les différences de potentiel de réaction en phase) sera satisfaite.

Si, en même temps la condition I (réaction importante entre l'entrée et la sortie), est aussi satisfaite, dès que, pour une raison quelconque, choc électrique ou autre, une différence de potentiel alternative de cette fréquence aura pu se produire elle donnera naissance à la sortie à une différence de potentiel excessivement élevée qui réagira sur l'entrée, et le phénomène une fois amorcé s'entretiendra.

C'est pour cela qu'un amplificateur donné est susceptible de s'accrocher sur une note donnée.

Pour modifier le phénomène, il faut modifier les capacités et les self-inductions de l'appareil de façon que les fréquences des oscillations qui peuvent se produire ne soient pas dangereuses.

On y arrive souvent en intercalant dans une des lampes une capacité entre la grille et la plaque.

Dans les amplificateurs à transformateurs, on a reconnu qu'on évitait les accrochages en réunissant entre eux et à l'un des pôles des batteries d'accumulateurs les noyaux en fer des transformateurs. Ceci revient à modifier considérablement les capacités des organes de liaison.

Amplificateurs pour haute fréquence

Les procédés de liaison employés entre lampes pour les amplificateurs de basse fréquence peuvent aussi être employés pour les amplificateurs destinés aux fréquences de la radiotélégraphie. En particulier on a employé la liaison par transformateurs. Mais ceux-ci doivent être assez différents de ceux employés pour des fréquences musicales.

Dans les tôles constituant des transformateurs, prennent naissance des courants induits appelés *courants de Foucault* qui constituent des pertes d'autant plus élevées :

1°. que la fréquence est plus grande ;

2°. que la tôle est plus épaisse ;

3°. que le métal constituant la tôle a une résistivité plus faible.

Pour les transformateurs destinés aux amplificateurs de basse fréquence on utilise généralement des tôles de 0,025 cm d'épaisseur.

Pour les transformateurs de hautes fréquences on utilise généralement des tôles de 0,005 cm d'épaisseur.

Ces tôles excessivement minces et assez coûteuses sont constituées non de fer pur, mais d'acier au silicium dont la résistivité est beaucoup plus élevée que celle du fer pur.

Nous avons déjà dit que la capacité entre spires était équivalente à une capacité placée en dérivation aux bornes du secondaire.

Si cette capacité est un peu élevée, aux fréquences élevées, elle constituerait un véritable court-circuit entre les bornes du secondaire. On doit donc la réduire autant, que possible.

Pour cela on utilise des enroulements n'ayant pas un trop grand nombre de spires.

De même, pour réduire la capacité entre enroulements, on éloigne le primaire du secondaire en écartant par un procédé quelconque la bobine qui porte l'enroulement secondaire de celle qui porte l'enroulement primaire.

Quelque précaution qu'on prenne, il y a toujours une certaine capacité entre spires qui, comme nous l'avons dit, est équivalente à une capacité en dérivation aux bornes du secondaire. Dans ces conditions le phénomène de résonance auquel nous avons fait allusion déjà se manifeste d'une façon beaucoup plus intense en haute fréquence qu'en basse fréquence.

La variation du pouvoir amplificateur en fonction de la fréquence est beaucoup plus marquée en haute fréquence qu'en basse fréquence.

Pour un amplificateur à haute fréquence à liaison par transformateurs, on constate que l'amplification croît, passe par un maximum pour une certaine longueur d'onde, puis décroît.

On utilise quelquefois cette propriété de la résonance en plaçant en dérivation aux bornes des secondaires des condensateurs variables dont on règle la capacité de façon à provoquer la résonance du transformateur pour la longueur d'onde que l'on veut recevoir.

On a réalisé des amplificateurs à noyau de fer pour les longueurs d'onde à partir de 600 mètres.

Pour les longueurs d'onde plus courtes on utilise généralement des transformateurs sans noyau de fer.

On peut les constituer avantageusement par deux bobines plates.

Là encore on peut utiliser le phénomène de la résonance.

Comme la capacité fictive qu'on envisage aux bornes du secondaire dépend entre autres facteurs de la capacité entre les deux enroulements, on peut faire varier celle-ci en éloignant ou en rapprochant les deux bobines qui constituent le primaire et le secondaire du transformateur.

Le mode de liaison que nous avons qualifié de liaison des amplificateurs à résonance est souvent aussi employé dans les amplificateurs à haute fréquence (self-induction et capacité en dérivation).

Dans le cas de la haute fréquence, il est plus avantageux d'utiliser une self-induction fixe et de placer en dérivation un condensateur variable de façon à accorder le circuit de liaison sur la longueur d'onde à recevoir.

Dans certains appareils, le dispositif de liaison est constitué seulement par une bobine de self-induction. Celle-ci, par suite de la capacité qui existe entre les différentes spires de son enroulement est équivalente à une inductance pure ayant une certaine capacité en dérivation. La bobine de self-induction est donc équivalente à un circuit résonant pour une certaine fréquence. Elle se comporte pour cette fréquence comme une antenne vibrant en demi-onde. C'est ce qu'on appelle la longueur d'onde propre de la bobine.

Un amplificateur pour haute fréquence avec liaisons par bobine de self-induction sera donc un appareil éminemment sélectif n'amplifiant qu'une seule longueur d'onde.

Quelquefois on constitue les bobines de liaison par un enroulement placé sur un noyau de fer mobile. En déplaçant plus ou moins ce noyau, on fait varier l'inductance de la bobine et on accorde l'amplificateur sur la longueur d'onde à recevoir.

La liaison par résistance convient très bien également pour l'amplification haute fréquence.

En vertu de ce que nous avons dit plus haut les capacités de liaisons seront plus faibles que celles employées pour les courants de fréquence musicale. Le tableau que nous avons donné plus haut permet de déterminer les valeurs convenables pour les capacités à employer.

Mais dans ces amplificateurs on utilise souvent un dispositif qui améliore beaucoup l'amplification.

Considérons la figure 16. On y voit un condensateur constitué de 3 armatures, l'une mobile reliée à la grille d'entrée, deux autres fixes, la première reliée à la plaque de la première lampe, l'autre reliée à la plaque de la deuxième lampe.

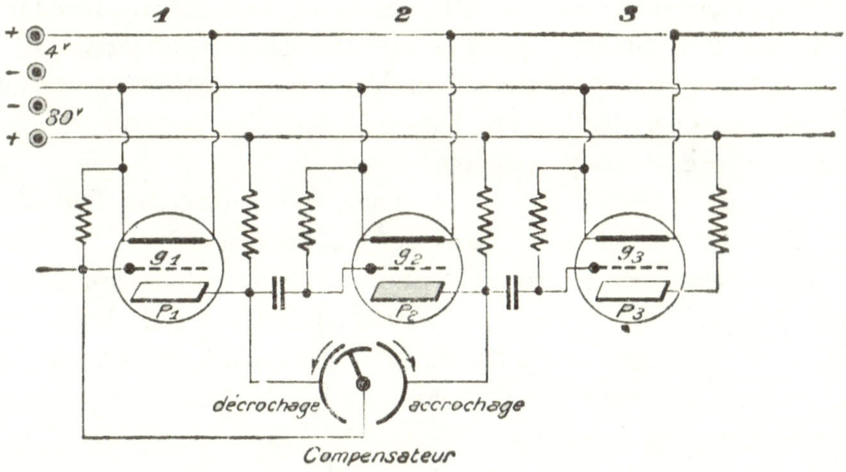

Fig. 16.

Lorsque l'armature mobile est vis-à-vis de l'armature fixe n° 1, elle renvoie sur l'entrée une partie de l'énergie amplifiée par la première lampe. Une augmentation de la tension grille de la première lampe a pour effet de diminuer la tension à l'extrémité de la résistance intercalée dans la plaque de la première lampe. Le condensateur a donc pour effet de renvoyer sur la grille d'entrée une partie de la différence de potentiel amplifiée par la première lampe, mais de la renvoyer en opposition de phase.

Si nous nous reportons à ce qui a été dit plus haut, il en résulte une diminution d'amplification. Si au contraire l'armature mobile est devant la deuxième armature fixe, nous renvoyons sur la grille d'entrée une partie notable de la tension amplifiée et nous la renvoyons en concordance de phase. Ce sont, d'après ce que nous avons dit plus haut, les conditions pour qu'il y ait accrochage d'oscillations dans l'amplificateur.

Il est clair que pour une position intermédiaire de l'armature mobile du condensateur, nous pouvons nous placer, toujours en vertu de ce que nous avons dit plus haut, dans des conditions telles que, sans qu'il y ait production d'oscillations, nous nous trouvons dans une situation telle que nous renvoyions sur la grille d'entrée et en phase une proportion importante de la différence de potentiel amplifiée.

Dans ces conditions nous augmentons notablement l'amplification comme nous l'avons démontré.

Nous avons, dans ce qui précède, supposé un montage particulier d'un condensateur à armature mobile (appelé généralement compensateur).

D'autres montages sont possibles. D'une façon générale, on réunit l'armature à une grille impaire, l'une des armatures fixes à une plaque paire, l'autre à une plaque impaire.

La figure 15 donne un exemple d'un autre montage. Ici l'une des armatures fixes est reliée à la plaque de la dernière lampe.

Pour que cette armature soit soumise à des variations de tension, il est nécessaire de placer dans le circuit plaque de cette lampe un dispositif provoquant ces variations de tension, c'est le rôle que joue la self-induction en série avec une résistance figurée dans la plaque de la dernière lampe.

Généralement on utilise une bobine de self-induction constituée avec du fil de haute résistivité.

Nous avons supposé que les différences de potentiel des courants alternatifs amplifiés, se transmettaient en phase, de la plaque d'une lampe à la grille de la lampe suivante. Ceci est vrai pour les grandes longueurs d'onde. Pour les fréquences très élevées, il n'en serait pas ainsi à cause de la capacité qui existe entre le filament et la grille de la lampe.

Pour les faibles longueurs d'onde, il convient donc de réduire cette capacité au minimum. Or, l'expérience a montré que cette capacité résidait non pas tant dans la lampe elle-même que dans les supports des lampes et dans les fils de connexion.

D'où la nécessité pour utiliser les amplificateurs à résistance à l'amplification des ondes très courtes de prendre certaines précautions :

1°. Écarter les lampes les unes des autres ;

2°. Diminuer autant que possible les dimensions des supports des lampes ;

3°. N'utiliser que des fils de connexion aussi courts que possible, aussi écartés que possible les uns des autres et de section aussi faible que possible.

Dans certains amplificateurs, les résistances de l'ordre de quelques mégohms destinées à maintenir constante la tension de la grille de la lampe au lieu d'être réunies au négatif du filament sont réunies au positif.

Ce montage est l'équivalent du montage de la lampe en détecteur.

Nous allons en donner la raison et indiquer également comment on utilise la position du compensateur qui produit l'accrochage (nous n'avions envisagé jusqu'ici que le cas où nous étions à la limite d'accrochage).

Ceci nous ramène à parler de la détection et de la réception des ondes entretenues.

On sait que lorsque des oscillations électriques traversent un détecteur il y a, par suite de la différence de conductibilité pour les deux alternances, transformation partielle du courant alternatif en courant continu. On démontre et on vérifie expérimentalement que l'intensité du courant continu ainsi produit est proportionnelle au carré de la différence de potentiel alternative qui est détectée.

Il en résulte en particulier cet inconvénient que le détecteur fonctionne d'autant moins bien que la différence de potentiel à détecter est plus faible. Ainsi, si une transmission est la moitié d'une autre elle ne provoquera qu'un courant détecté égal au quart de celui fourni par la première.

C'est cette propriété des détecteurs que cherche à utiliser le dispositif d'amplificateur à haute fréquence à résistance dans lequel les résistances de décharge de grille sont reliées au positif du filament et cela pour diminuer les brouillages.

Avec ce montage, en effet, toutes les lampes détectent, mais si les atmosphériques sont plus forts que la transmission à recevoir, ils sont plus détectés que les signaux par les premières lampes et comme la portion détectée ne se transmet pas aux lampes suivantes, on voit que par ce procédé, on affaiblit plus les parasites que les transmissions et que finalement on améliore un peu la réception.

Envisageons maintenant le cas de la réception des ondes entretenues et pour cela considérons ce qui se passe dans la réception des trains d'ondes amorties.

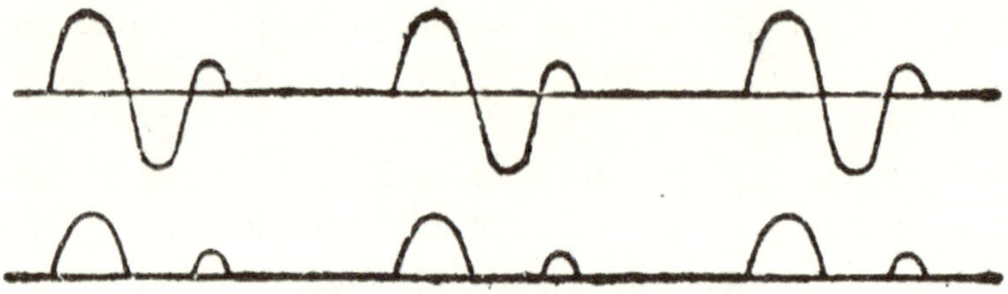

Fig. 17.

La figure 17 représente 3 de ces trains.

Si nous avons un détecteur parfait les alternances supérieures seules passent et il nous reste le tracé inférieur de la figure 17. Dans ces conditions on voit que ce tracé pourrait être ramené au tracé supérieur par un simple déplacement de l'axe des X, donc le courant qui passe après détection est équivalent à un train d'ondes amorties superposé à un petit courant continu de même durée que le train.

Les courants de haute fréquence sont sans action sur la plaque du téléphone, mais chaque portion du courant continu donne une petite impulsion à la plaque du téléphone. C'est le petit top que l'on entend lorsque l'on ferme une pile sur un téléphone.

Ce sont ces petites impulsions, se répétant avec la fréquence des traits d'ondes, qui donnent le son que l'on entend au téléphone, son musical lorsque les traits d'onde se succèdent à une fréquence musicale, son ronflé lorsque les traits d'onde sont espacés.

Mais les choses ne se passent plus ainsi lorsqu'il s'agit d'une émission par ondes entretenues. La figure 18 représente à la partie supérieure un trait en ondes entretenues, et à la partie inférieure, ce qu'est devenu ce trait après détection parfaite.

Le même raisonnement nous montre que le courant détecté est équivalent à un courant alternatif de haute fréquence, sans action sur

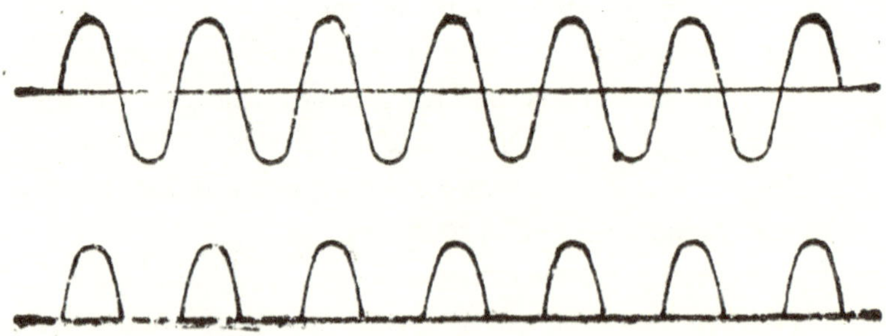

Fig. 18.

le téléphone et à un courant continu qui, pendant la durée du trait, agira d'une façon constante sur la plaque du téléphone mais ne lui communiquera pas de vibrations.

Au début la plaque du téléphone sera attirée, elle sera relâchée à la fin, on pourra entendre un léger top au début du trait, un autre à la fin, mais on n'entendra pas un son musical pendant la durée du trait comme c'était le cas pour les ondes amorties dans lesquelles le trait comportait un certain nombre de traits d'onde.

Finalement on n'entend pas de signaux Morse en délectant simplement une transmission en ondes entretenues.

Mais supposons qu'on superpose à la transmission de haute fréquence entretenue, une émission d'ondes entretenues faite par un procédé quelconque. Le plus souvent, cette émission se fait avec un petit poste à lampes peu puissant qu'on appelle hétérodyne.

La transmission et l'émission locale qui ne sont pas tout à fait de même fréquence battent ensemble. Quand elles sont en phases, l'amplitude du courant alternatif total de haute fréquence est augmentée, elle est diminuée quand elles sont en opposition.

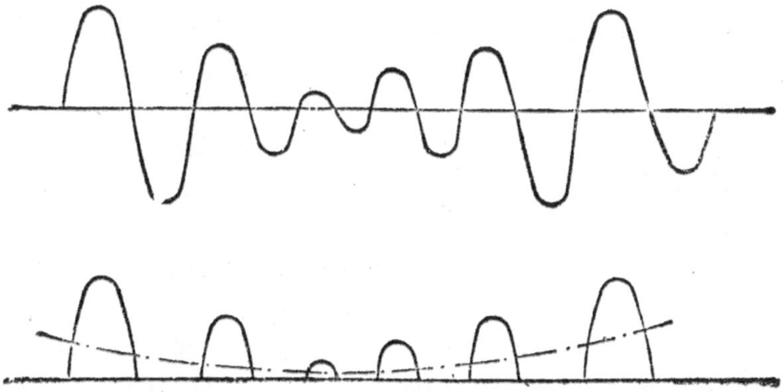

Fig. 19.

La fig. 19 représente la forme du courant alternatif total et le tracé inférieur, ce qu'il est devenu après détection parfaite. Ici le courant moyen ne peut plus être représenté par une ligne droite, mais par une sinusoïde (représentée en pointillé sur la figure). Ceci revient à dire qu'après détection, le courant total est équivalent à un courant alternatif de fréquence F - F', F fréquence de la transmission, F' fréquence du courant local ou inversement suivant que l'une est plus grande que l'autre.

Si les deux fréquences F et F' sont voisines, F - F' est de l'ordre des fréquences audibles et pendant toute la durée du signal, le courant fréquence F - F' fait vibrer le téléphone.

La note que l'on perçoit dans les écouteurs ne dépend plus comme dans le cas des transmissions amorties de la nature de l'émission, mais de la fréquence donnée à l'émetteur local. L'opérateur règle cette note à sa convenance.

Voyons maintenant ce qui va se passer dans l'amplificateur à résistances muni du compensateur indiqué plus haut. Supposons que nous donnions au compensateur une position telle que l'amplificateur puisse s'accrocher.

Quelle sera la période des oscillations qui vont prendre naissance ?

Ce sera évidemment celle du seul circuit électrique susceptible de donner naissance à des oscillations qui se trouve dans l'appareil, c'est-à-dire la période propre des oscillations du circuit récepteur relié à l'appareil.

Si ce dernier est réglé exactement à la résonance, ces oscillations auront la même fréquence que la transmission et on n'entendra rien.

Mais si le circuit récepteur n'est pas exactement accordé, les oscillations locales auront une période légèrement différente de celle de la transmission qui sera ainsi rendue perceptible en vertu du mécanisme indiqué plus haut.

L'inconvénient de ce mode de réception (appelée *réception autodyne*) est que le circuit récepteur ne doit pas être exactement accordé sur la fréquence de la transmission. Il en résultera une diminution de l'intensité de la réception qui peut être assez notable quand il s'agit de recevoir de grandes longueurs d'onde.

Il convient d'ajouter un mot sur certains avantages que présente la réception des ondes entretenues par la méthode *hétérodyne.*

Nous avons vu que l'intensité du courant détecté était proportionnelle au carré de l'amplitude de la différence de potentiel, alternative haute fréquence appliquée au détecteur.

Or, dans le cas de la réception par la méthode hétérodyne, deux différences de potentiel sont appliquées au détecteur, l'une $a \sin \omega t$ la transmission, l'autre $A \sin \omega' t$ provenant de la source locale. Lorsque ces deux différences de potentiel sont en phase, leur somme a pour amplitude $A + a$, le courant détecté est proportionnel à :

$$(A + a)^2 = A^2 + 2Aa + a^2$$

Au contraire, lorsqu'elles sont en opposition, la différence de potentiel à détecter est A - a, l'intensité du courant détecté est :

$$(A - a)^2 = A^2 - 2Aa + a^2$$

Donc l'intensité du courant détecté varie de $(A + a)^2$ à $(A - a)$. Nous avons vu que c'était un courant alternatif de fréquence musicale.

Son amplitude sera proportionnelle à :

$$(A + a)^2 - (A - a)^2 = 4Aa$$

L'amplitude du courant alternatif de fréquence musicale qui traverse le téléphone est donc proportionnelle à Aa. Or, nous pouvons faire A très grand, il suffit de rapprocher la source locale du système récepteur.

Nous sommes donc maîtres de faire croître notablement (au moins dans certaines limites) l'intensité du courant dans le téléphone.

Des ondes entretenues, reçues par la méthode hétérodyne, peuvent donc être perdues dans des conditions où il ne serait pas possible d'entendre des ondes amorties.

Amplificateurs de très basse fréquence

Nous n'avons envisagé jusqu'ici l'amplificateur à résistance que pour la réception des oscillations de haute fréquence ou de fréquences musicales. Mais il suffit de se reporter au tableau donné plus haut pour se rendre compte que, pour un choix convenable des valeurs des capacités, il est possible d'amplifier des fréquences très faibles.

En particulier, on peut considérer les signaux Morse comme des courants alternatifs de fréquence très faible et les amplifier après détection par un amplificateur à résistance ayant des capacités convenables.

On donne généralement aux capacités de liaison des capacités de 0,5 microfarad. De plus on shunte généralement les résistances plaque par des capacités de l'ordre de quelques millièmes de microfarad qui mettent en quelque sorte ces résistances en court-circuit pour les oscillations de fréquence élevée qui ont survécu à la détection.

Certains expérimentateurs recommandent dans les amplificateurs à basse fréquence ayant plusieurs étages, de réunir comme toujours pour les lampes impaires la grille au filament par une résistance de plusieurs megohms, mais pour les lampes paires d'utiliser des résistances de l'ordre de 100 000 à 200 000 ohms.

Amplificateurs pour courant continu

Ceux-ci sont des amplificateurs à résistance, mais le point de la résistance le plus rapproché de la plaque est réuni à la grille de la lampe suivante par une batterie de piles ou d'accumulateurs (fig. 20).

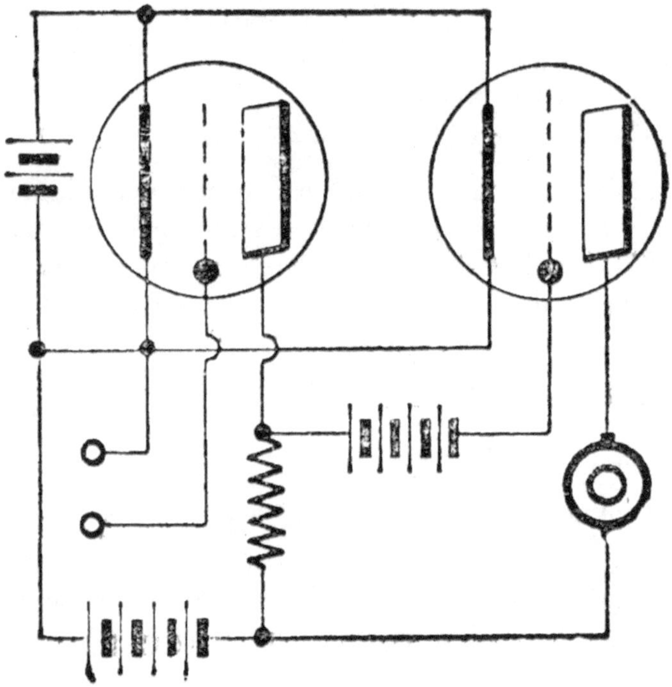

Fig. 20.

Le pôle positif de cette batterie étant à la plaque et le pôle négatif à la grille, le rôle de cette batterie est de ramener la grille à la même tension que le négatif du filament.

La borne de la résistance réunie à la grille est en effet par rapport au filament au potentiel U - R *io*, U tension plaque, R résistance de liaison, *io* courant permanent de la lampe.

Ce potentiel est généralement d'une quarantaine de volts.

Si donc on n'appliquait pas sur le conducteur de liaison une différence de potentiel égale et de signe contraire, la grille serait à 40 volts par rapport au filament.

On voit donc qu'un réglage au moins approximatif du nombre des éléments de la batterie de jonction est nécessaire.

De toute façon il vaut mieux rendre la grille un peu négative par rapport au filament.

Ici, il n'y a pas lieu de mettre de résistances élevées entre la grille et le filament.

Chauffage des lampes en courant alternatif

Surtout avant l'introduction des lampes à faible consommation (radio micro, microtriode, etc.,) qui peuvent être alimentées par des piles, la nécessité de disposer d'accumulateurs assez puissants pour le chauffage du filament constituait une grosse sujétion pour presque tous ceux qui ont à utiliser les lampes.

Aussi a-t-on cherché rapidement à les chauffer par le courant alternatif.

On dispose presque partout maintenant d'énergie électrique délivrée à la tension de 110 volts et à une fréquence de 40 à 50 périodes par seconde. D'autre part, on a réalisé depuis longtemps, en particulier pour l'alimentation des sonneries, de petits transformateurs abaissant de 110 à quelques volts la tension des réseaux.

Il semble donc facile de produire, avec de semblables transformateurs, les 4 volts nécessaires à l'alimentation des lampes. Mais on se heurte dans cette voie à de nombreuses difficultés.

La grille comme nous le savons déjà, est dans tout appareil réunie directement ou indirectement à un des pôles du filament, généralement au pôle négatif.

Il ne saurait en être ainsi dans l'alimentation par courant alternatif; par suite du changement de sens du courant, c'est tantôt l'une tantôt l'autre extrémité du filament qui joue le rôle de pôle négatif. Si par exemple nous désignons par zéro le potentiel du milieu du filament, l'une des extrémités du filament sera alternativement au potentiel + 2 et - 2. La grille réunie à cette extrémité du filament subira donc des variations de potentiel de 4 volts entraînant de fortes variations du courant plaque. On entendra dans le téléphone placé dans le circuit plaque un son dont la hauteur correspondra à la fréquence du courant alternatif.

On pourrait remédier à cet inconvénient en réunissant la grille au point milieu du filament dont le potentiel, lui, est invariable. Mais pratiquement, ce point milieu est inaccessible. L'artifice suivant permet d'arriver au même résultat.

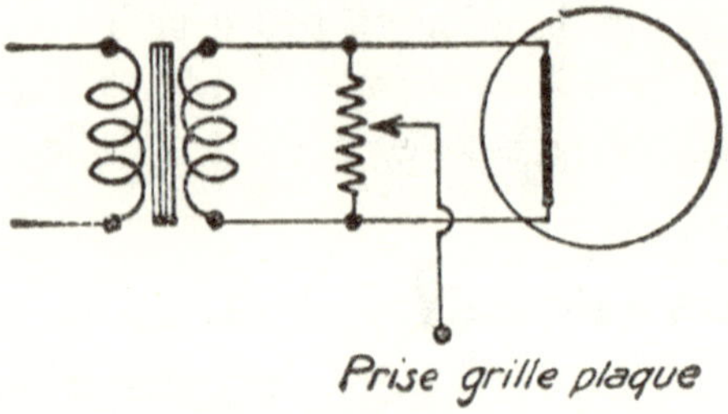

Fig. 21.

Une résistance est intercalée entre les deux extrémités du filament.

On connecte la grille et la plaque en un point convenablement choisi sur cette résistance, point qui, en général, est très voisin de son milieu (fig. 21).

Ce point que l'expérience permet de déterminer facilement (il suffit de constater qu'on cesse d'entendre le son correspondant au courant alternatif dans les écouteurs) est généralement très voisin du milieu de la résistance. Souvent on se borne à réunir la grille et la plaque au milieu du secondaire du transformateur (fig. 22).

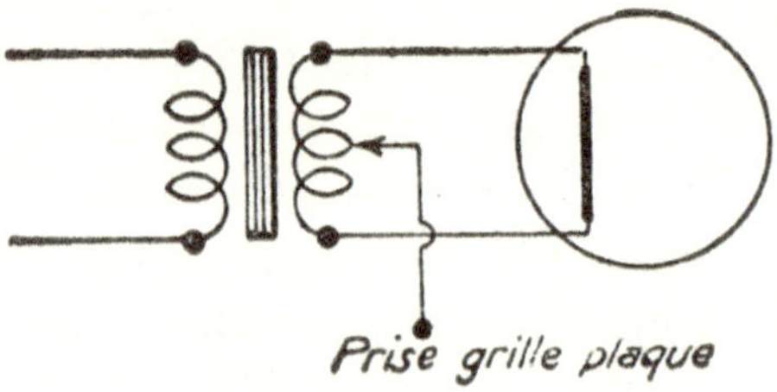

Fig. 22.

L'inconvénient de ce dispositif est que la grille se trouve portée non plus au point de plus bas potentiel du filament, mais au potentiel moyen, le courant grille est un peu plus élevé que lorsque la grille est réunie au négatif du filament, il en résulte une certaine consommation d'énergie dans le circuit grille et une moins bonne amplification.

On y remédie partiellement de la façon suivante. Une résistance élevée R de l'ordre de quelques mégohms est intercalée dans le circuit grille ; elle est shuntée par une capacité de l'ordre de quelques millièmes de microfarad.

Par un raisonnement identique à celui que nous avons fait pour la lampe montée en détecteur, on voit que le potentiel de la grille est abaissé par rapport à celui du point auquel elle est réunie d'une quantité égale à R*i*, R résistance intercalée, *i* courant grille.

Avec ce dispositif on peut réaliser de très bons amplificateurs haute fréquence dont les filaments des lampes sont alimentés par du courant alternatif. Ces amplificateurs amplifient mal les basses fréquences, les perturbations provoquées par le courant de chauffage dans la première lampe ne se font que peu sentir sur la dernière. Il est bon également d'utiliser derrière cet amplificateur, non une lampe détectrice mais une galène.

Il est à remarquer que lorsqu'on est arrivé par un réglage convenable du point de jonction de la lampe, à supprimer dans les écouteurs le bruit correspondant à la fréquence de l'alimentation alternative, on entend souvent un son à l'octave du premier (de fréquence double).

La raison en est la suivante. Le courant étant d'intensité variable, le filament n'a pas la même température pendant toute une demi-période d'alimentation. Pratiquement lorsque le courant est nul, la lampe devrait se comporter comme une lampe éteinte

Pratiquement le filament a une certaine inertie calorifique, la lampe ne s'éteint jamais, mais au cours d'une demi-période la température subit des fluctuations. Ces fluctuations se reproduisent deux fois par période et comme elles entraînent des variations de l'émission électronique, elles produisent dans le courant plaque des variations donnant naissance au son de fréquence double dont nous venons de parler.

On remédie à cet inconvénient en utilisant, pour être alimentées en courant alternatif, des lampes spéciales ayant un gros filament qui présente par conséquent une inertie calorifique considérable.

Le problème de l'alimentation des filaments en courant alternatif est plus délicat pour les amplificateurs basse fréquence.

Ceux-ci étant susceptibles d'amplifier des fréquences de l'ordre de celle du courant d'alimentation, les perturbations qu'il cause sont plus difficiles à éliminer.

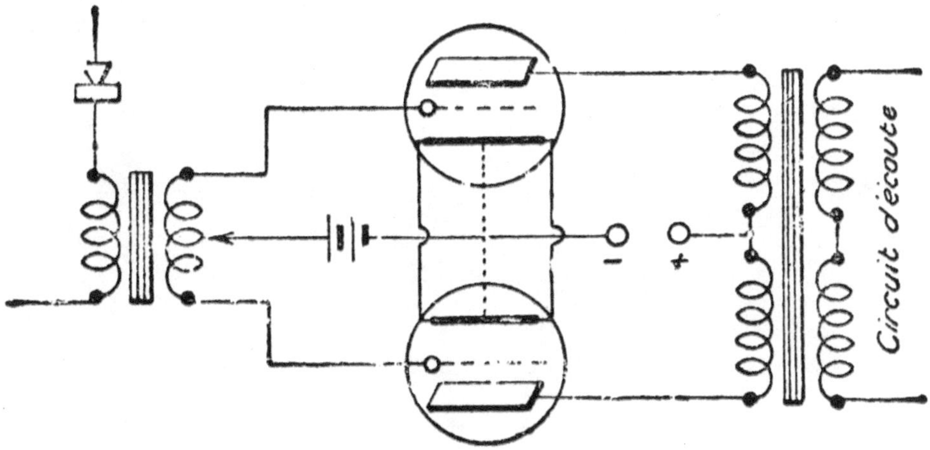

Fig. 23.

On y arrive pourtant par le montage de deux lampes en parallèle, suivant le schéma indiqué (fig. 23).

On voit que les perturbations produites par le courant d'alimentation produisent dans le noyau du transformateur de sortie des flux de sens contraire, par suite sont sans action sur le secondaire, tandis que les actions à amplifier s'ajoutent.

Dans la figure 23 l'alimentation est représentée schématiquement par des piles, bien entendu il y a en réalité un transformateur de chauffage et la grille est connectée comme sur la figure 22.

Chapitre IV

Production des oscillations par les lampes

Nous avons déjà à plusieurs reprises fait allusion à un phénomène de production des oscillations par les lampes. Il existe des cas où il est intéressant de le produire systématiquement. Ce sont ceux-là que nous allons étudier maintenant.

Considérons le circuit de la figure 24.

Un circuit oscillant constitué par une self-induction et une capacité en dérivation est intercalé dans la plaque de la lampe, une bobine couplée avec l'inductance du circuit oscillant est intercalée dans le circuit grille.

Si on allume la lampe, la bobine de self-induction n'ayant qu'une faible résistance ohmique, la tension entre le filament et la plaque est presque égale à la tension de la batterie d'utilisation. Soit U cette tension, la différence de potentiel entre filament et plaque est U - R*io*, R résistance ohmique de la bobine d'induction, *io* courant permanent de la lampe. Le condensateur est donc chargé à cette tension R*io*.

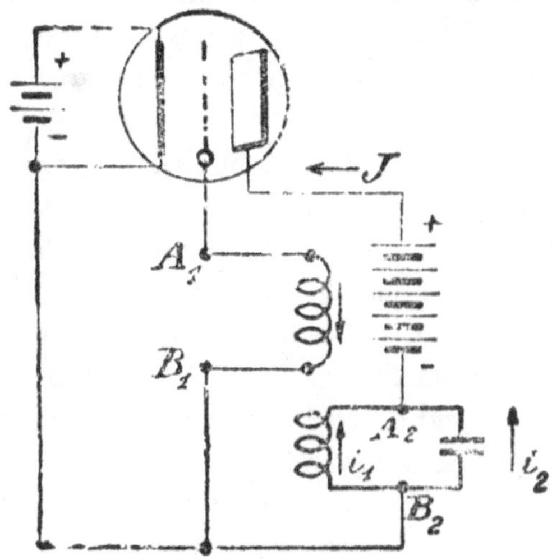

Fig. 24.

Il ne semble pas qu'il n'y ait aucune raison pour que l'état d'équilibre ainsi établi se rompe.

Mais supposons qu'une petite perturbation se produise (et pratiquement il s'en produit toujours) qui tende à modifier le courant *io* et par suite la tension R*io* aux bornes du condensateur, des oscillations s'amorcent dans le circuit oscillant, le courant dans la bobine de self-induction qui avait primitivement la valeur *io* varie. Ces oscillations qui sont de très faibles amplitudes s'amortiraient très vite dans la pratique, mais la variation de courant dans la bobine de self-induction induit une différence de potentiel dans la bobine placée dans le circuit grille. Il en résulte une variation de la différence de potentiel filament grille qui provoque une variation dans le courant plaque.

Par un sens convenable des enroulements des deux inductances plaque et grille, on peut faire en sorte que cette variation de courant plaque soit de même sens que celle qui lui a donné naissance.

On voit donc que le phénomène de déséquilibre a une tendance à augmenter et il est facile de concevoir que les oscillations qui ont pris naissance dans le circuit oscillant vont augmenter d'amplitude.

Mais sans entrer dans des calculs qui sortiraient du cadre de ces leçons, nous pouvons pousser plus loin l'analyse du phénomène.

On voit immédiatement que, par le montage indiqué, nous renvoyons sur l'entrée de la lampe (c'est-à-dire entre filament et grille) une partie de la variation de différence de potentiel qui se produit dans le circuit plaque. Nous avons vu que, dans ce cas, la condition nécessaire et suffisante pour que la somme des différences de potentiel qui se produisent ainsi dans la lampe augmentât au-delà de toute limite était :

1. - Que si on désigne par *e* la variation de différence de potentiel produite initialement dans le circuit plaque et dont une fraction K*e* / *n* est renvoyée sur la grille ; le produit K × (*e* / *n*) fut plus grand que l'unité (K désigne le facteur d'amplification de la lampe) ;

2. - Que les tensions alternatives *e* et K*e* / *n* fussent en phase c'est-à-dire maximum en même temps.

Quand on traduit mathématiquement ces conditions on arrive aux conclusions suivantes :

1. - Le coefficient d'induction mutuelle des bobines grille et plaque qui, comme nous l'avons déjà dit, doit avoir un sens convenable, doit être plus grand qu'une certaine valeur.

On doit avoir :

$$M > (I / K)(L + CR\rho)$$

où :

– K = facteur d'amplification,
– L = l'inductance de la bobine plaque,
– R = sa résistance,
– C = la capacité du condensateur,
– ρ = résistance interne de la lampe,
– M = valeur absolue (comptée toujours positivement) du coefficient d'induction mutuelle des deux bobines.

2. - Pour que les différences de potentiel *e* et K*e* / *n* puissent être en phase, les oscillations doivent avoir une certaine fréquence.

La période T de ces oscillations est donnée par la formule :

$$T = 4\pi L \frac{1}{\sqrt{\frac{4L}{c}\left(1 + \frac{R}{\rho}\right) - \left(R + \frac{L - KM}{C\rho}\right)^2}}$$

Lorsqu'on donne à M une valeur très voisine de sa valeur limite c'est-à-dire lorsqu'on se place à ce qu'on appelle la valeur limite d'entretien, l'expression :

$$R + \frac{L - KM}{c\rho}$$

est presque nulle, la période des oscillations devient :

$$T = \frac{4\pi L}{\sqrt{\frac{4L}{C}\left(1 + \frac{R}{\rho}\right)}}$$

Mais R est de l'ordre de quelques ohms, ρ de l'ordre de 30 000 ohms, la fraction R / ρ représente un nombre tout petit qu'on peut négliger et on peut écrire :

$$T = 2\pi\sqrt{LC}$$

qui est la période propre du circuit oscillant considéré seul.

Ainsi on voit que la période des oscillations qui prennent naissance dans le montage que nous avons indiqué, n'est pas tout à fait celle qui correspondrait au circuit oscillant considéré seul.

Elle dépend du couplage entre les bobines plaque et grille et ce n'est qu'à la limite, au moment où l'appareil deviendra incapable d'émettre des oscillations, que la fréquence des oscillations engendrées deviendra égale à celle du circuit oscillant.

Il ne faudrait pas croire que les procédés nécessaires à l'établissement des formules indiquées plus haut nécessitent des connaissances mathématiques très élevées.

Néanmoins, certains artifices spéciaux étant nécessaires, nous avons cru bon de nous borner à mentionner les points de départ du calcul et les résultats auxquels il conduit[1].

En vertu de ce que nous avons dit plus haut à propos de l'amorçage d'oscillations dans les amplificateurs, les oscillations qui tendent à se produire d'après le mécanisme indiqué devraient tendre à augmenter indéfiniment d'amplitude.

En réalité, il n'en est rien. On se rend compte facilement que pour qu'il en fût ainsi, il faudrait que le courant plaque des lampes augmentât indéfiniment et on sait que ce courant tend vers une valeur limite qui est le courant de saturation.

L'amplitude des oscillations commence par croître, mais se fixera à une valeur limite dépendant des lampes employées.

Nous voyons déjà que pour avoir des oscillations puissantes il faudra des lampes ayant un fort courant de saturation, c'est-à-dire à filament long et gros. La puissance dépensée pour le chauffage du filament sera donc d'autant plus grande que la lampe sera susceptible de donner naissance à des oscillations plus puissantes.

Pour l'étude des postes à lampes à laquelle nous aurons à nous livrer dans la suite, il importe de bien préciser les grandeurs qui en vertu de ce que nous venons de dire interviennent dans l'entretien des oscillations par les lampes et les principales relations qui existent entre elles.

Précisons tout de suite que ces relations ne sont pas absolument rigoureuses, mais suffisamment approchées pour les besoins de la pratique.

a. - *Tension grille.* — Entre les points A_1 et B_1 de la figure, c'est-à-dire entre le filament et la grille, existe une tension alternative sinusoïdale vg. Nous pouvons poser :

$$vg = Vg \cos \omega t.$$

[1] En réalité les calculs qui devront être les formules mentionnées sont assez complexes, les points de départ utilisés ne conviennent qu'au cas d'un couplage limite.

Nous prenons pour direction de cette tension la direction B_1A_1 ce qui veut dire qu'au temps T = 0, la grille est positive par rapport au filament, la différence de potentiel étant V_g.

b. - Entre les points A_2 et B_2 existe une tension alternative V_p. Si nous prenons pour direction de cette tension B_2A_2, elle est en opposition de phase par rapport à v_g. On peut poser :

$$v_p = - V_p \cos \omega t$$

c'est-à-dire qu'au temps $t = 0$, le point A_2 est à une tension inférieure au point B_2 ;

c. - Dans le circuit filament plaque circule un courant j qui se compose de 2 termes, un courant continu j_o et une composante alternative en phase avec la tension grille. On peut écrire ;

$$j = j_o + j_1 \cos \omega t$$

d. - Enfin, dans la bobine de self-induction et dans la capacité circulent 2 courants i_1 et i_2. En admettant pour ces courants le sens indiqué par les flèches sur la figure, ces deux courants sont approximativement égaux et de signe contraire. Ils sont en quadrature par rapport à la tension grille.

Si on désigne par R la résistance de la bobine d'inductance, la puissance dépensée dans le circuit oscillant est $RI_1^2 / 2$, I_1 étant la valeur maximum et $I_1 / \sqrt{2}$ la valeur efficace de i_1.

On peut au contraire supposer que la résistance de la bobine de self-induction est nulle, mais qu'une résistance R_1 est intercalée en série avec le condensateur. Dans ce cas, la puissance dépensée dans le circuit oscillant est $R_1I_2^2 / 2$ = approximativement $R_1I_1^2 / 2$.

De ce qui précède, on voit qu'au moment où la tension grille a sa valeur maximum V_g, la tension plaque a sa valeur minimum $U - V_p$, U étant la tension de la source continue alimentant la plaque.

Au contraire, lorsque la grille a sa tension minimum $- V_g$, la plaque a sa tension maximum $U + V_p$.

Ce sont des points que nous nous bornons à signaler pour l'instant. Nous reviendrons sur ce sujet lorsque nous parlerons des postes à lampes.

Nous avons indiqué un montage pour la production d'oscillations par les lampes.

Des montages équivalents (fig. 25) peuvent être utilisés.

Dans celui de la figure 1, le circuit oscillant est intercalé dans le

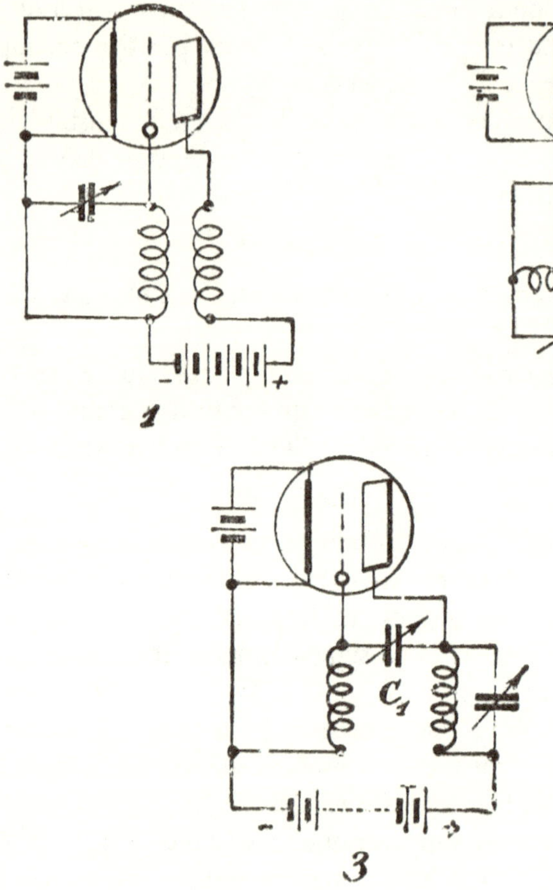

Fig. 25.

circuit grille, une bobine de self-induction couplée avec la bobine de grille étant intercalée dans la plaque.

Dans le montage de la figure 2, on fait varier le couplage entre le circuit plaque et le circuit grille en faisant varier la position du point de jonction A du filament et de la bobine d'inductance.

La figure 3 rappelle le premier montage indiqué. Mais ici les inductances plaque et grille sont écartées, leur coefficient d'induction mutuelle est nul. Le couplage est assuré par le condensateur C_1, et on fait varier ce couplage en modifiant la capacité de ce condensateur.

Tous ces montages sont utilisés dans les générateurs locaux d'ondes entretenues dont nous avons expliqué le rôle à la réception, et qu'on appelle *hétérodynes*. Avant d'aborder l'émission d'ondes entretenues par les lampes, nous terminerons tout ce qui concerne leur utilisation à la réception.

Superhétérodyne

Nous avons dit que quand on superposait dans un système détecteur les ondes entretenues provenant d'une émission et celles provenant d'une hétérodyne locale, on obtenait à la sortie du détecteur un courant sinusoïdal ayant pour fréquence la différence des fréquences des deux ondes reçues.

Comme nous l'avons dit, on fait généralement en sorte que la fréquence F_1 de l'émission et la fréquence F_2 de l'onde locale soient très voisines, de telle façon que F_1-F_2 corresponde à une fréquence musicale perceptible directement au téléphone. Mais on peut faire F_1 et F_2 assez différentes pour que la fréquence F_1-F_2 ne soit pas de l'ordre des fréquences audibles, mais de l'ordre des fréquences radiotélégraphiques. Dans ce cas le courant qui sort du détecteur n'est plus perceptible au téléphone, c'est un courant de haute fréquence, mais de fréquence plus faible (de longueur d'onde plus grande) que l'émission.

Supposons que nous recevions une émission de 300 mètres de longueur d'onde (fréquence 1000 000) ; envoyons simultanément dans le détecteur une émission de fréquence 980 000 (longueur d'onde environ 306 mètres). Le courant résultant aura une fréquence de 20 000 (longueur d'onde 15 000 mètres). Nous pourrons amplifier ce courant résultant par un amplificateur approprié pour l'onde de 15 000 mètres, le détecter, et le recevoir par les procédés habituels.

C'est ce qu'on appelle la *réception par superhétérodyne*.

Il est en effet assez difficile de réaliser de bons amplificateurs pour les ondes courtes (de l'ordre de 300 mètres).

On peut au contraire construire des amplificateurs très puissants pour des ondes de 15 000 mètres.

Dans ces conditions, à la réception, on recevra l'onde de 300 mètres dans un détecteur (lampe ou autre). On superposera, au moyen d'une hétérodyne locale dans le détecteur, des ondes de 306 mètres ; à la sortie du détecteur on aura des ondes de l'ordre de 15 000 mètres qu'on pourra amplifier considérablement.

Remarquons d'autre part qu'il n'est pas impossible de construire des amplificateurs pour les ondes de 300 mètres. On pourra connecter un de ces appareils au système récepteur.

Les ondes de 300 mètres ainsi amplifiées seront transformées par battement avec une hétérodyne locale et détectées en ondes de 15 000 mètres. Celles-ci seront amplifiées, puis détectées ; le courant de fréquence musicale provenant de cette détection sera à son tour amplifié par un amplificateur pour fréquence musicale.

On aura donc superposé ainsi trois espèces d'amplification : pour ondes de 300 mètres, pour ondes 15 000 mètres, et pour fréquence musicale.

On pourra obtenir ainsi une amplification considérable.

Pour obtenir directement sur les ondes 300 mètres une semblable amplification, il aurait fallu employer un très grand nombre de lampes en série et on se serait heurté à des difficultés insurmontables pour éviter l'amorçage d'oscillations dans un semblable appareil, puisque toute l'énergie renvoyée de la sortie de l'amplificateur vers l'entrée eût été susceptible d'être amplifiée, ce qui n'est pas le cas avec l'appareil décrit puisque nous avons à la sortie des courants de fréquence musicale qui ne peuvent être amplifiés par des montages convenant seulement pour les ondes de 300 et de 15 000 mètres.

Si les ondes à recevoir sont des ondes entretenues, il est bien entendu qu'à l'amplificateur superhétérodyne doit être jointe une hétérodyne ordinaire qui dans le cas particulier envisagé plus haut, sera réglée sur une onde voisine de 15 000 mètres de façon à battre avec les ondes de 15 000 mètres produites par le superhétérodyne et à donner avec celles-ci par détection au courant de fréquence musicale qui sera amplifié par les étages basse fréquence de l'appareil.

Mais qu'arrive-t-il pour la réception des ondes entretenues ou des transmissions radiotélégraphiques ?

Nous avons déjà signalé que la méthode de réception par battements avec les ondes d'une hétérodyne locale donnait non seulement la possibilité de recevoir les ondes entretenues, mais une augmentation d'amplification par suite d'une amélioration dans le fonctionnement d'un détecteur.

Cette augmentation d'amplification se manifeste même avec les ondes amorties. Il est par exemple possible, en faisant fonctionner une hétérodyne à proximité d'un poste récepteur, d'entendre une transmission amortie inaudible sans cela. Mais le son de la transmission est complètement modifié. On dirait que les étincelles sont raréfiées, on exprime souvent l'impression éprouvée en disant que la transmission est soufflée.

Quant aux transmissions radiotéléphoniques, elles seraient dans ce cas complètement déformées.

Il n'en est pas ainsi dans les réceptions par la méthode du superhétérodyne. Bien entendu on n'utilise plus la seconde hétérodyne dont nous parlions tout à l'heure. Mais les transmissions amorties ne sont nullement déformées et les communications radiotéléphoniques restent parfaitement audibles.

Nous nous bornons à signaler ces faits pour le moment. Nous en donnerons l'explication dans le chapitre que nous consacrons à la réception de la radiotéléphonie.

Réception par réaction

Considérons le montage de la figure 26. Si nous assimilons l'antenne à une capacité, nous voyons que ce montage est identique au montage producteur d'oscillations de la figure 25, dans lequel le circuit oscillant

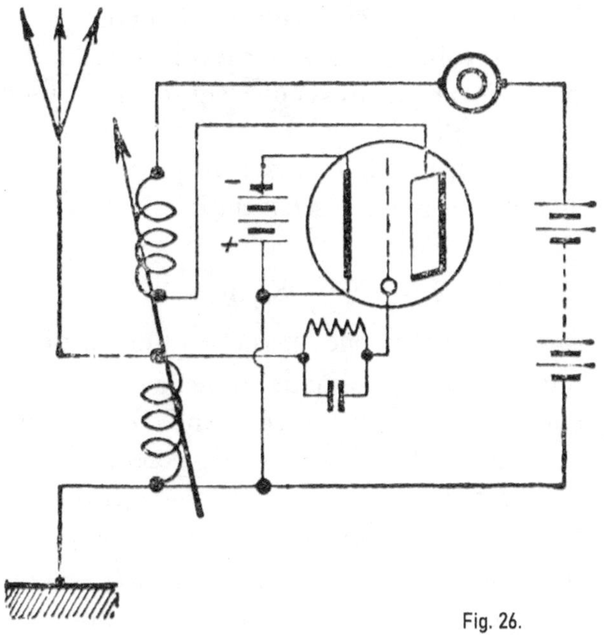

Fig. 26.

est placé entre le filament et la grille, une bobine de couplage se trouvant dans le circuit plaque.

Supposons d'abord le couplage assez lâche pour que des oscillations me puissent être engendrées, et augmentons-le peu à peu. Nous constaterons, au moment où le couplage va atteindre la valeur pour laquelle les oscillations vont prendre naissance, un grand renforcement de la réception. (Pour la rendre perceptible, nous avons figuré la lampe montée en détectrice, ce pourrait être aussi la lampe d'un amplificateur d'un modèle quelconque).

Quelle est la cause de cette augmentation de l'amplification ?

Par suite du couplage entre le circuit grille et plaque, nous renvoyons sur l'entrée de la triode une fraction $1/n$ de la différence de potentiel Ke amplifiée par la lampe.

Cette différence de potentiel Ke / n est amplifiée et produit dans le circuit plaque une différence de potentiel K^2e / n dont une fraction K^2c / n^2 est à son tour renvoyée sur la grille et ainsi de suite. La différence de potentiel totale dans le circuit plaque est donc comme nous l'avons déjà dit :

$$Ke\,(1 + K/n + K^2/n^2 + ...)$$

Nous savons que lorsque K/n est plus grand que l'unité et que ces différences de potentiel sont en phase, il y a amorçage d'oscillations. Nous avons vu qu au voisinage du couplage limite la condition pour que ces oscillations fussent en phase était que leur fréquence fût précisément celle du circuit oscillant.

Supposons maintenant que nous soyons placés un peu au-dessous du couplage limite, K/n est très légèrement inférieur à l'unité, la somme des termes :

$$1 + K/n + K^2/n^2 + ...$$

ne devient pas infiniment grande, mais elle a une valeur finie d'autant plus grande que K/n est plus voisin de l'unité.

Donc si nous recevons dans l'antenne une transmission produisant aux bornes de la lampe une différence de potentiel, si l'antenne est accordée sur cette transmission, les différents termes de la somme $Ke + K/n + K^2/n^2$ seront en phase, et leur somme tendra vers une valeur très grande, d'autant plus grande que le rapport K/n sera plus voisin de l'unité, c'est-à-dire d'autant plus grande que nous serons plus voisins du couplage limite, puisque comme nous l'avons montré plus haut, c'est pour ce couplage limite que K/*n* est égal à l'unité.

Au contraire si l'antenne n'est pas accordée sur la transmission, les différents termes de la somme K*e* + K/*n* etc.. ne sont plus en phase. Le montage par réaction donne donc une très grande amplification et une très grande sélection.

Théoriquement même, il apparaît qu'en nous plaçant juste au couplage limite nous devrions avoir une amplification infinie, mais nous savons que pratiquement, il ne saurait en être ainsi puisque le courant plaque des lampes ne peut croître indéfiniment. On peut expliquer les choses autrement.

Considérons un des montages producteurs d'oscillations indiqués plus haut, par exemple celui de la figure 24.

Nous avons dans ce circuit une inductance L, une capacité C, et une résistance R (qui est soit la résistance de la bobine de self-induction soit la résistance de l'antenne si celle-ci constitue la capacité).

Nous savons qu'une force électromotrice E sin ω*t* produit dans ce circuit un courant *i* tel que :

$$i = \frac{E \sin \omega t}{\sqrt{R^2 + \left(L\omega - \frac{1}{C\omega}\right)^2}}.$$

Mais nous savons aussi que si le circuit est accordé sur la fréquence de la force électromotrice

$$L\omega = \frac{1}{C\omega}$$

et

$$i = \frac{E \sin \omega t}{R}$$

Autrement dit pour la fréquence pour laquelle le circuit est accordé, il se comporte comme une résistance unique pure.

On peut démontrer (ce qui est une autre manière d'arriver aux résultats que nous avons obtenus par une autre vue) que si le circuit oscillant est intercalé dans un circuit à lampes producteur d'oscillations, pour la fréquence de ce circuit le rôle de couplage grille plaque est de modifier la résistance ohmique apparente du circuit.

À mesure qu'on augmente le couplage, la résistance ohmique du circuit primitivement égale à R diminue, s'annule pour la valeur limite et devient négative lorsque le couplage est suffisant pour qu'il y ait production d'oscillations.

Rappelons que, à propos des résistances apparentes filament grille, nous avons déjà signalé que, dans certains cas, le calcul conduisait pour cette résistance à des valeurs négatives, c'est encore là une des manières d'expliquer théoriquement par conséquent l'amorçage d'oscillations dans les amplificateurs.

Il est bien entendu que, quelle que soit la manière de traiter la production d'oscillations, au moyen des lampes, on arrive toujours finalement aux mêmes résultats.

Revenons au montage de la figure 26, l'antenne a une certaine résistance R. Donc, si la transmission engendre dans cette antenne une force électromotrice E sin ωt et si l'antenne est accordée sur cette transmission, il y aura dans l'antenne supposée isolée un courant :

$$i = E \sin \omega t \; / \; R$$

Mais, si grâce au montage à réaction nous faisons descendre la résistance du circuit oscillant à une valeur ρ très faible, le courant dans l'antenne sera :

$$i = E \sin \omega t \; / \; \rho$$

et si, en nous plaçant très près du couplage limite, nous avons rendu ρ excessivement petit, le courant pourra être très grand.

Avant d'abandonner le chapitre de la réaction, nous renvoyons le lecteur à ce que nous avons dit du rôle du compensateur dans les appareils à résistances.

Il se rendra compte qu'en plaçant le compensateur à la position limite d'accrochage, on constitue un appareil à réaction.

Superréaction

Revenons sur le cas du système récepteur envisagé plus haut ; sa résistance, lorsqu'elle était isolée, était R ; par suite de la réaction, elle tombe à une valeur ρ beaucoup plus petite que R et l'intensité dans l'antenne atteint la valeur E sin ωt / ρ. Nous voyons déjà que l'amplitude de l'intensité dans le circuit récepteur, même dans le cas d'un montage à réaction, est proportionnelle à l'intensité du signal reçu.

Voyons de plus près comment les choses se passent.

Au moment où les ondes provenant du poste émetteur atteignent le dispositif récepteur, un courant prend naissance dans le circuit récepteur. Ce courant d'abord nul croît jusqu'à la valeur E sin ωt / ρ pourvu que la durée du signal soit suffisamment longue pour lui permettre d'atteindre cette valeur limite, c'est-à-dire pourvu que la durée du signal soit plus grande que la période variable du circuit, (ce qui est toujours le cas de la pratique).

Dès que le signal a cessé, l'intensité dans le système récepteur retombe à zéro dans un temps très court et le même processus d'opérations recommence à l'arrivée du signal suivant.

Supposons maintenant que nous augmentions le couplage entre les bobines grille et plaque de la figure 26 de façon à donner à ce couplage une valeur suffisante pour que le système puisse osciller, tout en restant très voisin de la valeur limite.

Nous nous plaçons dans le cas où K/n est supérieur à l'unité, ou suivant l'autre manière d'envisager la question dans le cas où la résistance du circuit oscillant devient négative

Nous avons dit que dans ces conditions, le système était en équilibre alors même qu'il n'y avait pas de production d'oscillations, mais que c'était un équilibre instable et que toute perturbation avait pour effet de donner naissance à des oscillations dont l'amplitude croissait jusqu'à une certaine valeur limite dépendant des conditions du système.

Nous avons ajouté que ces oscillations prenaient toujours naissance par suite des moindres irrégularités dans le fonctionnement du système.

En parlant ainsi nous avons été trop absolu. Nous envisagions surtout le cas des hétérodynes pour lesquelles le couplage entre les bobines plaque et grille est toujours assez serré. Mais si ce couplage est assez voisin de la valeur limite d'entretien des oscillations il n'en est pas ainsi et les oscillations ne prennent pas spontanément naissance.

Pour qu'elles prennent naissance, il faut qu'à un instant donné une différence de potentiel de valeur suffisamment élevée soit appliquée entre le filament et la grille de la lampe. Il suffit que cette différence de potentiel soit appliquée pendant un temps très court, une fois les oscillations amorcées leur amplitude continue à croître jusqu'à la valeur limite que permettent les constantes du système.

Donc, *au moins dans certaines conditions dépendant de la lampe employée et de ses conditions de fonctionnement*, les oscillations ne prennent pas spontanément naissance. Pour qu'elles se produisent il faut que pendant un temps très court une différence de potentiel *suffisamment élevée* soit appliquée entre le filament et la grille.

Ceci explique tout d'abord pourquoi on constate parfois qu'un système récepteur à réaction peut s'accrocher sous l'influence d'un brouillage particulièrement fort. En réalité, dans ce montage, le couplage était un peu supérieur au couplage limite, la transmission reçue était d'amplitude insuffisante pour provoquer l'accrochage que le brouillage a provoqué.

C'est pour éviter cet incident qu'il convient, lorsqu'on utilise plusieurs lampes, à la réception, de faire la réaction sur la première lampe et de ne pas amplifier avant la lampe de réaction.

Mais pourquoi les choses se passent-elles ainsi ?

Cela ne résulte nullement de ce que nous avons dit plus haut sur la production des oscillations. Il semblait bien, d'après les explications que nous avons données que, une fois le couplage limite dépassé, la moindre perturbation devait donner naissance à des oscillations.

Sans entrer dans le fond de la question qui nécessiterait des développements mathématiques sortant du cadre de cet ouvrage, nous nous bornerons à signaler que jusqu'ici, tout ce que nous avons écrit supposait la première partie de la caractéristique des lampes parfaitement rectiligne et qu'en réalité il n'en est pas absolument ainsi.

Nous pouvons dire par exemple que la caractéristique commence par une partie légèrement courbée et que, dans cette région, le facteur d'amplification K correspondant à de faibles variations de potentiel grille peut être plus faible que la valeur K_1 correspondant à des variations plus fortes. On peut donc avoir :

$$K / n < 1 \quad \text{et} \quad K_1 / n > 1$$

Supposons donc que dans le circuit de la fig. 26, nous ayons dépassé la valeur limite de couplage, mais d'une quantité assez faible pour que les oscillations ne prennent pas spontanément naissance ; sous l'influence de la transmission, si l'amplitude de la différence de potentiel est suffisante, les oscillations s'amorcent et un courant de haute fréquence circule dans le circuit plaque de la lampe, l'amplitude de ce courant n'est limitée que par les conditions de fonctionnement de la lampe, elle ne dépend plus de l'amplitude de l'oscillation qui lui a donné naissance.

Toute transmission suffisamment forte pour déclencher le mécanisme de production des oscillations donnera naissance dans le système récepteur à un courant de haute fréquence toujours de même intensité, intensité qui, naturellement, sera très élevée puisque ce qui limite surtout c'est la valeur du courant de saturation de la lampe. Mais, une fois les oscillations amorcées rien ne les arrête.

Il serait donc impossible de recevoir une transmission par ce procédé, puisque les oscillations ayant été déclenchées au premier signal, les suivantes seraient sans action.

Pour arrêter les oscillations, il existe un moyen, c'est de couper le circuit plaque.

On peut par exemple intercaler dans ce circuit un interrupteur actionné par un procédé mécanique quelconque (un *tikker*) et produisant des ruptures à une fréquence de l'ordre des fréquences musicales.

Supposons par exemple que le signal à recevoir soit un trait.

Le début du trait amorce les oscillations, mais elles sont interrompues par l'ouverture du tikker ; au moment où le tikker ferme de nouveau le circuit, le trait n'étant pas fini, les oscillations s'amorcent de nouveau et ainsi de suite.

Nous aurons donc produit pendant la durée du trait dans la lampe de superréaction une série de trains d'ondes se reproduisant à la fréquence de rupture du tikker et par suite, nous les percevons dans la lampe détectrice placée derrière la lampe de superréaction comme un train d'ondes amorties

Mais l'entretien mécanique du tikker présenterait bien des inconvénients.

On peut arriver au même résultat par des couplages convenables de lampes.

Nous avons vu que la valeur du couplage limite dépendait de la résistance interne ρ de la lampe et nous savons que celle-ci dépend de la tension plaque. Si nous faisons varier ρ avec une fréquence suffisante entre deux valeurs ρ_1 et ρ_2, l'une ne permettant pas l'accrochage avec le couplage utilisé, l'autre le permettant, nous aurons le même résultat qu'avec le tikker.

La figure 27 représente un semblable montage. Dans le circuit plaque de la lampe de réaction se trouve un système résonant appartenant également au circuit plaque d'une lampe dont une source de courant de fréquence musicale fait varier la tension filament grille. Le système résonant est accordé pour cette fréquence musicale.

Dans ces conditions, nous rapportant à ce qui a été dit pour les amplificateurs à résonance, nous voyons que des variations de potentiel

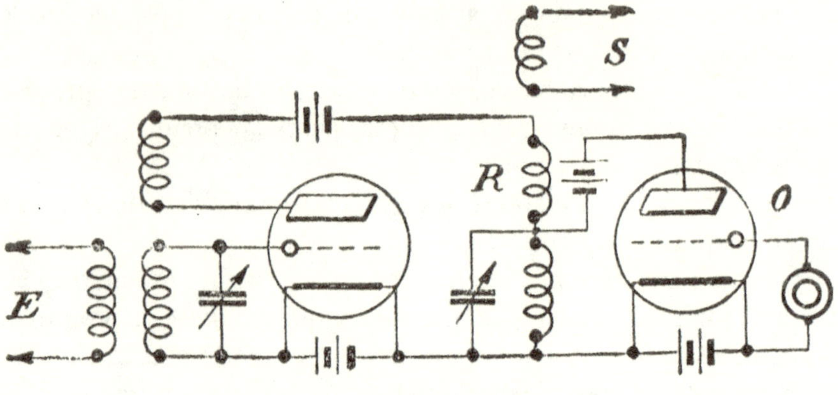

Fig. 27.

alternatives se produisent aux bornes du circuit résonant. Ces différences de potentiel s'ajoutent ou se retranchent de la tension d'alimentation de la lampe de superréaction. La tension plaque variant, la résistance interne varie avec la même fréquence et les oscillations s'amorcent ou s'éteignent également avec cette fréquence.

Un autre procédé (fig. 28) consiste à faire varier également à fréquence musicale la résistance du circuit oscillant de réception.

Dans le montage indiqué, le condensateur est shunté par la résistance filament plaque d'une lampe.

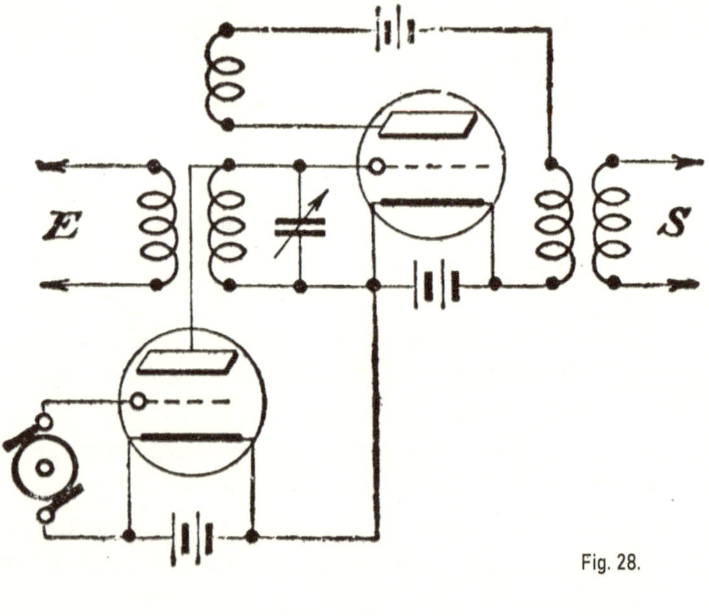

Fig. 28.

Dans ce montage, peu d'électrons vont à la plaque, la résistance interne d'une semblable lampe est pratiquement infinie et la résistance du circuit oscillant n'est pas modifiée.

Si on rend la grille positive, le nombre des électrons extrait du filament augmente, le nombre des électrons atteignant la plaque augmente également, la résistance interne diminue, ce qui équivaut à une augmentation de la résistance du circuit oscillant.

En plaçant entre le filament et la grille de cette lampe une source de courant alternatif de fréquence musicale, on fait donc varier périodiquement la résistance du circuit oscillant et on conçoit que par un réglage convenable ces variations alternatives de résistance peuvent provoquer des accrochages ou des décrochages des oscillations.

Le procédé que nous venons de décrire convient bien à la réception des ondes entretenues qu'on perçoit à la fréquence musicale avec laquelle se produisent les accrochages et les décrochages.

Il ne saurait en être ainsi pour le cas des transmissions téléphoniques.

Pour appliquer le procédé dans ce cas, on utilise la propriété suivante : si dans un circuit téléphonique on produit des interruptions assez élevées, de l'ordre de plusieurs milliers par seconde, c'est-à-dire à une fréquence inaudible à l'oreille (ultrasonore), la conversation n'est pas altérée.

Il suffira donc de faire fonctionner les dispositifs de décrochage, quels qu'ils soient, à une fréquence ultrasonore pour rendre le procédé de superréaction applicable aux transmissions radiotéléphoniques.

Il importe toutefois de remarquer qu'il est nécessaire que les oscillations qui s'amorcent aient le temps d'atteindre leur amplitude maximum. Leur fréquence doit par suite être faible vis-à-vis de celle des interruptions.

C'est pour cela que le procédé de la superréaction convient surtout aux courtes ondes.

L'explication que nous avons donnée du mécanisme de la superréaction est-elle bien correcte ? Des travaux récents permettent d'en douter.

Nous l'avons maintenue toutefois :

1. - Parce qu'elle nous permettait de signaler le fait que pour un couplage donné, il était nécessaire que l'amplification eût une certaine amplitude pour provoquer l'amorçage des oscillations ;

2. - Parce que c'est celle qui a conduit à la découverte de la superréaction et que par suite elle se prêtait facilement aux explications nécessaires pour faire comprendre les montages réalisés.

Mais nous devons reconnaître qu'elle n'explique pas certains faits constatés dans la pratique de la superréaction.

D'abord en général le couplage est plus serré que le couplage limite, puis la réception par superréaction est très sélective.

Enfin, dans bien des cas, l'intensité de la réception à la sortie de l'appareil n'est pas indépendante de la force électromotrice induite par la transmission dans le système récepteur.

Voici comment, d'après les idées actuelles, on peut expliquer la marche du phénomène.

Ces explications sont surtout valables pour le cas où les accrochages et décrochages sont produits par un système à lampes,

Prenons pour instant initial, celui où le système est le plus éloigné de l'accrochage. Le système récepteur ayant une résistance R, le courant induit dans le système récepteur est $E \sin \omega t / R$. Au fur et à mesure que nous nous rapprochons des conditions pour lesquelles les conditions d'amorçage sont réalisées, nous nous trouvons dans le cas d'un système de réception par simple réaction, dans lequel on ferait varier peu à peu le couplage de façon à se rapprocher du couplage limite.

La résistance apparente du circuit récepteur diminue, tout en restant positive.

Le courant dans le circuit récepteur, et par suite, la différence de potentiel filament grille qui lui est proportionnelle, augmentent progressivement.

Nous arrivons même au moment où nous pouvons considérer la résistance apparente du circuit comme nulle.

C'est un cas qui, par suite de son instabilité, ne saurait être atteint dans la pratique de la réaction ordinaire.

Ainsi tant que les conditions d'amorçage ne sont pas réalisées, nous nous trouvons dans le cas d'une réception par réaction ordinaire. Nous n'avons que des oscillations forcées, mais comme nous nous rapprochons de la limite, l'amplitude de ces oscillations forcées croît, et au moment où nous allons nous trouver dans les conditions où le poste peut devenir générateur, elles ont une valeur très grande. À cet instant les oscillations vont prendre naissance. Mais il est bien entendu qu'il leur faut un certain temps pour atteindre la valeur limite qui est fixée par la nature de la lampe et du circuit. Il existe un temps très court mais fini pendant lequel ces oscillations croissent. On se rend facilement compte que ce temps sera d'autant plus court que leur amplitude initiale, qui est celle qu'avait à ce moment la vibration forcée, est plus grande, et que l'influence de la vibration forcée continue à se faire sentir sur la manière dont les oscillations croissent.

Si le temps pendant lequel le système est susceptible d'être générateur est suffisant, les oscillations atteignent leur valeur limite ; l'intensité du son à la réception est indépendante de la force électromotrice dans l'appareil récepteur. Sinon, l'appareil décroche avant que les oscillations aient leur valeur limite, alors qu'on est encore dans la période variable. L'intensité du son sera alors proportionnelle à la force électromotrice induite dans l'appareil récepteur.

Ceci montre bien encore pourquoi il est nécessaire que la fréquence du mécanisme de décrochage soit faible par rapport à celle des oscillations à recevoir.

Nous devons mentionner aussi un procédé qui a beaucoup d'analogie avec celui de la superréaction et qui nous est revenu récemment de l'étranger sous le nom de « flewelling » après avoir été imaginé par un ingénieur français.

Considérons le montage représenté par la figue 29, la capacité étant de l'ordre du centième de microfarad et la résistance de l'ordre de 500 000 ohms. Que se passe-t-il dans un sem-

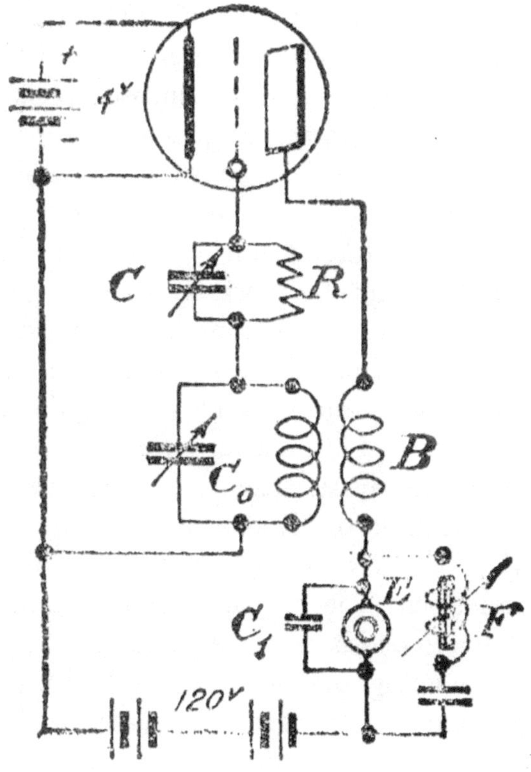

Fig. 29.

blable montage ? Des oscillations s'amorcent. La grille est soumise à une tension alternative assez élevée. Lorsqu'elle est positive par rapport au filament, elle attire une proportion assez notable d'électrons ; aucun courant ne passe au contraire lorsqu'elle est négative.

Il en résulte qu'un courant moyen de sens unique de valeur relativement élevée circule dans le circuit filament grille. Du reste, un procédé permettant de voir si une hétérodyne fonctionne, consiste à observer l'intensité du courant-grille. Ce courant excessivement faible, de l'ordre du micro-ampère lorsque le système n'oscille pas, s'élève à une valeur de l'ordre de plusieurs milliampères quand les oscillations sont amorcées.

Mais dans le moulage indiqué, les électrons viennent charger le condensateur C de telle façon que l'armature la plus rapprochée de la grille soit négative.

En réalité le condensateur tend à se décharger à travers la résistance R. Mais si l'apport d'électricité dû au courant grille est plus élevé que la décharge à travers la résistance, le potentiel négatif de la grille augmente en valeur absolue et atteint une valeur telle que le système tombe dans une région des caractéristiques de la lampe pour laquelle les oscillations cessent, l'apport d'électrons à la grille diminue instantanément et, la décharge du condensateur à travers la résistance R continuant, la grille reprend le potentiel qu'elle avait primitivement, les oscillations recommencent et le processus continue.

Nous avons donc dans le circuit oscillant un courant de haute fréquence perpétuellement interrompu, et cela à une fréquence qui dépend des valeurs respectives de C et de R.

Qu'arrive-t-il si une force électromotrice étrangère ayant la période des oscillations du circuit oscillant vient agir sur ce circuit ?

Lorsque les oscillations sont accrochées, cette force électromotrice est négligeable devant les forces électromotrices déjà en jeu ; les conditions de décrochage des oscillations restent les mêmes.

Il n'en est pas de même des conditions d'amorçage.

L'amorçage des oscillations est facilité par l'introduction de la force électromotrice étrangère ; il en résulte que l'amplitude de ces oscillations croît beaucoup plus vite, que par suite le moment où le décrochage doit se produire est plus vite atteint.

Finalement les interruptions du courant de haute fréquence sont plus nombreuses. Cette propriété peut être utilisée de deux manières.

On peut faire en sorte que la fréquence des accrochages soit de l'ordre des fréquences ultra-sonores. Lorsqu'une force électromotrice étrangère vient agir, la fréquence des interruptions augmentant, la tension moyenne de grille diminue, le courant moyen dans la plaque qui traverse le téléphone diminue également. Ainsi l'arrivée d'une transmission provoque une variation du courant plaque, variation qui dépend de l'amplitude de la force électromotrice de la transmission. Si, par suite, la transmission est modulée, comme c'est le cas d'une transmission radiotéléphonique, elle est rendue perceptible au téléphone.

Un autre procédé d'utilisation consiste à faire en sorte que la fréquence d'interruption soit musicale. On perçoit donc toujours une note dans le téléphone. Mais l'arrivée de la transmission modifie la hauteur de cette note et la transmission peut se lire comme celles dues aux postes à arcs, pour lesquels on entend deux sons : celui dû à l'onde de manipulation et celui dû à l'onde de repos.

On peut éliminer l'un des sons par un filtre constitué par une capacité et une self-induction en série comme il est représenté sur la figure 29.

Détection des transmissions radio téléphoniques

Nous dirons quelques mots sur ce sujet parce qu'il aidera à comprendre certains phénomènes qui se produisent lorsqu'on utilise une hétérodyne à la réception des ondes amorties ou lorsqu'on utilise le superhétérodyne.

Supposons pour simplifier, que l'émission radiotéléphonique comporte la transmission d'une seule note musicale.

La figure 30 représente l'allure de l'onde de haute fréquence émise. On peut démontrer qu'une onde de haute fréquence F ainsi modulée à une basse fréquence F', est équivalente à 3 ondes de haute fréquence ; l'une de fréquence F, l'autre de fréquence F - F', la 3e de fréquence F + F'.

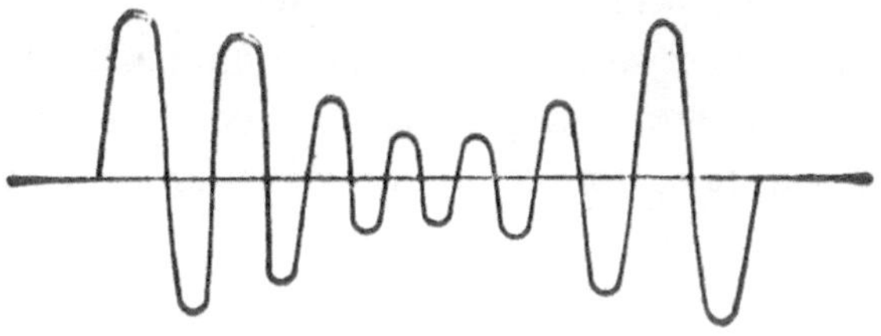

Fig. 30.

Lorsque ces 3 ondes sont détectées à la réception, il suffit de rapporter à ce que nous avons dit sur la réception par la méthode hétérodyne pour voir qu'après détection les ondes de fréquence F et F - F' donnent une onde de fréquence musicale F'. Il en de même des ondes de fréquence F et F + F'. On entend bien ainsi dans le téléphone un son de fréquence F'.

Considérons maintenant une onde amortie de fréquence F et dont les trains d'onde se reproduisent avec une fréquence F'. On peut la considérer comme une onde modulée, la forme de la modulation étant seulement plus compliquée que dans le cas simple envisagé primitivement. On conçoit donc qu'on doive entendre dans le téléphone un son de fréquence F'. Supposons maintenant qu'à la réception, on utilise une hétérodyne de fréquence F - F'', F - F'' étant très voisin de F.

D'après ce que nous avons dit, la transmission doit être considérée comme la somme de trois ondes F - F', F et F + F'. L'onde locale F - F'' se combinant avec l'onde incidente de fréquence F produira un son musical de fréquence F. Les deux sons musicaux de fréquence F' et F'' superposés dans le téléphone donneront des battements au sens acoustique du mot.

C'est ce qui produira l'apparence de son soufflé que nous avons indiqué plus haut.

Au contraire dans le superhétérodyne, l'onde locale de fréquence F - F'' battra bien avec les ondes F et F - F', il en résultera des ondes de fréquence F - F'' et F - F' - F'' qui seront encore des ondes de haute fréquence ; de longueur d'onde plus grande que celle de la transmission, ces ondes seront amplifiées par l'amplificateur à grande longueur d'onde puis à la dernière lampe détectrice, donneront naissance à un son de fréquence :

$$(F - F'') - (F - F' - F'') = F'$$

Dans la première lampe détectrice, il y aura bien également production d'un son de fréquence F', mais ce son de fréquence musicale ne pourra battre avec les ondes de fréquence F — F' et F — F' — F» qui sont de haute fréquence. Il ne pourra du reste être amplifié par l'amplificateur pour grandes ondes et sera par suite sans effet.

Ce raisonnement est certainement un peu simple. Il suffit néanmoins pour faire comprendre pourquoi la méthode du superhétérodyne est applicable à la réception des ondes amorties et des transmissions radiotéléphoniques.

Chapitre V

Postes à lampes

Considérons pour fixer les idées un montage comme celui de la figure 31. On reconnaît un des montages indiqués lorsque nous avons parlé des oscillations des lampes. La capacité de l'antenne par rapport au sol remplace le condensateur.

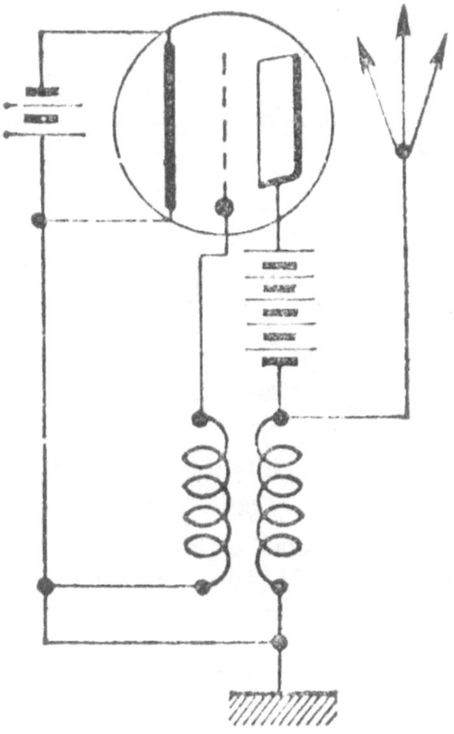

Fig. 31.

Nous avons un montage d'émission d'ondes entretenues par un système de lampes. Nous n'avons pas à nous occuper ici des divers montages utilisés dans les postes à lampes, nous nous occuperons seulement des lampes elles-mêmes.

Dans un poste à lampes, il faut évidemment retirer des triodes le plus d'énergie possible. L'intensité du courant dans le circuit oscillant doit être aussi grande que possible.

De quoi dépendent cette intensité et par suite la puissance dépensée dans le circuit oscillant.

Revenons au montage de la figure 31 qui est le plus simple des montages à envisager. La source haute tension qui alimente la plaque fournit un courant moyen i_0, mais la valeur de ce courant n'est pas constante, elle oscille de part et d'autre de la valeur moyenne avec la fréquence des oscillations.

Le courant dans la plaque est de la forme

$$i = i_0 + i_1 \sin \omega t$$

il a donc pour valeur maximum $i + i_1$ et pour valeur minimum $i - i_1$.

La valeur maximum ne peut être supérieure au courant de saturation I_s ; d'autre part la valeur minimum ne peut être négative. On pourrait démontrer, chose presque évidente intuitivement, qu'une des conditions pour que la lampe fournisse sa puissance maximum est que la valeur du courant plaque atteigne ses deux limites, c'est-à-dire que l'on ait $i_0 + i_1 = I_s$ et $i_0 - i_1 = 0$.

Dans ces conditions, le courant moyen est égal à $I_s / 2$ et on a également $i_1 = I_s / 2$. Mais celle condition n'est pas suffisante ; nous avons vu qu'entre les deux extrémités de l'inductance plaque se produisait une force électromotrice de haute fréquence en opposition de phase avec la partie alternative haute fréquence du courant plaque.

Cette force électromotrice en opposition de phase est équivalente à la force contre électromotrice d'une machine.

La puissance absorbée à la source à courant continu qui alimente la plaque et qui est transformée en puissance haute fréquence est égale au produit de la valeur efficace $i_1\sqrt{2}$ de la partie alternative du courant plaque par la valeur efficace $E\sqrt{2}$ de cette force va contre électromotrice.

Pour avoir la puissance maximum, il faut donc aussi donner à E sa valeur maximum. Mais nous savons qu'au moment où la tension grille et le courant plaque ont leur valeur maximum, la tension plaque est égale à U - E (U tension continue de la source d'alimentation). U - E ne peut devenir négatif, donc la valeur de E est égale à U et comme nous devons également avoir $i_1 = I_s / 2$, la puissance maximum utilisable que peut fournir la lampe est :

$$U / \sqrt{2} \times I_s / 2\sqrt{2} = UI_s / 4$$

On peut donner des démonstrations rigoureuses de ce fait que les considérations que nous venons d'exposer permettent de pressentir. Du reste cette valeur $UI_s / 4$ n'est qu une puissance maximum théorique.

Il est évident que si nous avions U = E au moment où la tension grille atteint sa valeur maximum, la tension plaque serait nulle, beaucoup d'électrons seraient arrêtés au passage par la grille et le courant plaque ne pourrait atteindre sa valeur maximum. E doit donc être toujours un peu inférieur à U.

Remarquons que dans ce cas purement théorique, la puissance fournie par la source à courant continu qui alimente la plaque est Ui_o par suite $UI_s / 2$. Le rendement, c'est-à-dire le rapport de la puissance utilisable en haute fréquence à la puissance fournie à la lampe par la source qui l'alimente est :

$$(UI_s / 4) \; / \; (UI_s / 2) = 1/2$$

Lorsque la lampe fournit sa puissance maximum, le rendement est de 50 %.

Que devient la puissance non utilisée ? Elle est transformée en chaleur comme toute énergie dégradée ; cette puissance sert à attirer, avec une certaine vitesse, les électrons vers la plaque ; la plaque s'échauffe sous l'influence de ce bombardement et c'est précisément cet échauffement qui constitue la dégradation à l'état de chaleur d'une partie de la puissance fournie par la source à haute tension.

Sous l'influence de cet échauffement la température de la plaque s'élève, puis elle se fixe à une valeur telle que la quantité de chaleur rayonnée par la plaque pendant l'unité de temps soit égale au produit de l'équivalent mécanique de la chaleur par la puissance dégradée sur la plaque.

La quantité de chaleur rayonnée par une plaque pour une température donnée est égale à KST^4. K étant une constante, S la surface extérieure de la plaque et T sa température absolue (température centésimale + 273).

C'est cette élévation de température de la plaque qui limite le fonctionnement de la lampe. Si la température est trop élevée la plaque peut fondre. En outre, avant d'atteindre sa température de fusion, la plaque peut laisser échapper des traces de gaz occlus dans le métal. Il cesse alors d'y avoir le vide dans la lampe et celle-ci devient hors d'état de fonctionner.

Pratiquement les plaques de nickel ne doivent pas être à une température supérieure à celle du rouge naissant, les plaques de molybdène peuvent être portées au rouge vif. Pratiquement cela correspond pour le nickel au rayonnement d'une quantité de chaleur égale à 1,5 watt par cm^2, à 6 watts pour le molybdène.

Si on cherche à construire une lampe, on s'aperçoit que pour les lampes ordinaires, il est difficile de réaliser des plaques dont les dimensions permettent de rayonner plus de 5 à 600 watts.

Il semble donc qu'il soit impossible de réaliser des lampes ayant une puissance supérieure à 600 watts. En réalité il n'en est rien.

Pour mieux faire comprendre l'artifice auquel on a recours nous commencerons par une comparaison avec les machines dynamos à courant continu.

Envisageons une machine à excitation séparée de 100 volts 10 ampères. Cela veut dire que le courant maximum que puisse supporter son induit est de 10 ampères.

Soit E la force électromotrice induite, R la résistance de l'induit, R' la résistance extérieure, le courant est :

$$i = R + R'$$

et la puissance dépensée dans le circuit extérieur est :

$$R'i^2 = R'E^2 / (R + R')^2$$

Cette expression est maximum quand R = R', et le rendement est égal à 50 %.

Dans une machine comme celle que nous venons de décrire, R est égal à environ 1 ohm.

Puisque E = 100 volts, la puissance maximum serait :

$$10\,000 / 4 = 2\,500 \text{ watts} = 2{,}5 \text{ kilowatts}$$

mais le courant serait de :

$$100 / 2 = 50 \text{ ampères}$$

c'est-à-dire supérieur au courant que peut supporter la machine. (En réalité du reste la résistance de l'induit d'une semblable machine est inférieure à 1 ohm, les valeurs de la puissance et du courant seraient bien plus élevées, mais nous n'avons pris ce chiffre d'un ohm que pour faciliter les calculs).

Quoi qu'il en soit, on voit qu'une machine est susceptible de donner une puissance bien supérieure à sa puissance normale, mais que le rendement correspondant à sa valeur maximum ne serait que 0,5 ce qui conduirait à une dégradation d'énergie dans les enroulements, incompatible avec le bon fonctionnement de la machine. Ceci nous montre que les machines ont été construites pour fonctionner à une puissance bien inférieure à leur puissance maximum, mais que dans ces conditions elles ont un rendement beaucoup plus élevé (80 % environ) que le rendement de 50 % correspondant à la puissance maximum.

S'il nous est possible, par un artifice quelconque, de faire en sorte que le rendement d'un poste à lampe prenne une valeur plus élevée que 50 %, 80 % par exemple, nous pourrons tirer de la lampe une puissance bien supérieure à celle que peut dégrader la plaque. Supposons que celle-ci puisse dégrader 500 watts, la puissance P que l'on pourra tirer de la lampe sera :

$$P / (500 + P) = 0{,}8$$

d'où

$$P = 2\,000 \text{ watts}$$

Seulement la lampe ne fonctionne plus à sa puissance maximum, cette lampe qui donne 2 kilowatts, devra avoir été calculée de façon que sa puissance maximum, calculée par la formule $UI_s / 4$ soit d'environ 5 à 6 kilowatts.

Nous allons voir comment on peut améliorer le rendement des lampes tout en ne leur faisant fournir qu'une puissance inférieure à leur puissance maximum.

Mais nous remarquerons tout d'abord qu'une lampe puissante doit être capable d'une très grande puissance maximum. Il faut donc que pour ces lampes UI_s soit très grand. On est rapidement limité dans l'accroissement de I_s. On ne peut songer à accroître la température du filament ce serait au détriment de la durée de la lampe. On peut accroître les dimensions du filament, sa longueur et sa section. Mais on est rapidement arrêté dans cette voie par des difficultés de construction. On est donc amené à donner à U la tension plaque des valeurs très élevées, c'est pour cela que les lampes actuelles travaillent sous des tensions très élevées de l'ordre de 10 000 à 15 000 volts.

Ainsi, une lampe de 1 kilowatt travaille sous 10 000 volts, a un courant de saturation de 2 ampères, et consomme dans son filament 9 ampères sous 17 volts.

On voit qu'une semblable lampe serait capable de fournir une puissance maximum de 5 kilowatts, mais sa plaque ne peut guère dégrader que 500 watts.

Mais comment améliorer le rendement d'une lampe ?

Remarquons que lorsque la tension grille est positive, la différence de potentiel aux bornes du circuit oscillant est de sens inverse à la tension continue plaque, et en sens inverse du courant plaque qui a une valeur variable mais toujours de même sens. C'est pendant ce temps que cette différence de potentiel se comporte comme la force contre électromotrice d'une machine électrique fonctionnant en moteur et absorbe de l'énergie qui se transforme en énergie de haute fréquence dans le circuit oscillant.

Au contraire, pendant l'autre alternance, elle est de même sens que la tension continue plaque. Pendant cette alternance il n'y a pas d'absorption d'énergie. Celle-ci est tout entière dégradée à l'état de chaleur sur la plaque.

Si donc nous pouvons supprimer le débit plaque pendant cette alternance, nous devons diminuer les pertes d'énergie et augmenter le rendement.

Mais il est très facile de supprimer cette alternance. Supposons que la tension alternative grille soit de la forme $V_g \sin \omega t$ et que, par un procédé quelconque, nous ayons fait en sorte qu'une différence de potentiel continu, $-V_1$ existe entre la grille et le filament, $-V_1$ étant la différence de potentiel pour laquelle sous la tension U, le courant plaque prend naissance. Tant que la tension alternative grille sera négative, la grille sera à un potentiel tel par rapport au filament qu'aucun courant plaque ne pourra passer.

À l'instant où la tension alternative grille devient nulle, la tension alternative plaque qui lui est opposée en phase sera aussi nulle, la tension plaque sera égale à U, la différence de potentiel et le filament sera $-V_1$, le courant plaque prendra naissance. Bref le courant plaque ne passera que pendant l'alternance positive du courant grille. Il aura la forme indiquée dans la figure 32.

Ce courant plaque aura la forme d'une demi-sinusoïde. Il importe de préciser ce dernier point.

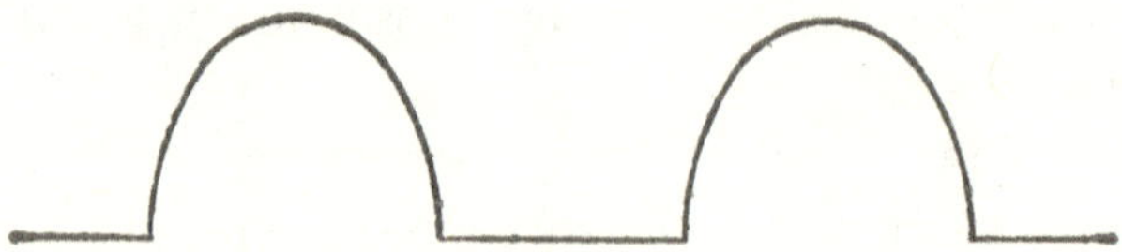

Fig. 32.

En faisant cette hypothèse que le courant plaque conserve une forme à peu près sinusoïdale nous admettons implicitement que nous n'atteignons jamais les parties courbées des caractéristiques. Si nous atteignions ces parties courbées nous obtiendrions des courbes aplaties. Nous pourrions même observer des courbes dans le genre de celle de la figure 33.

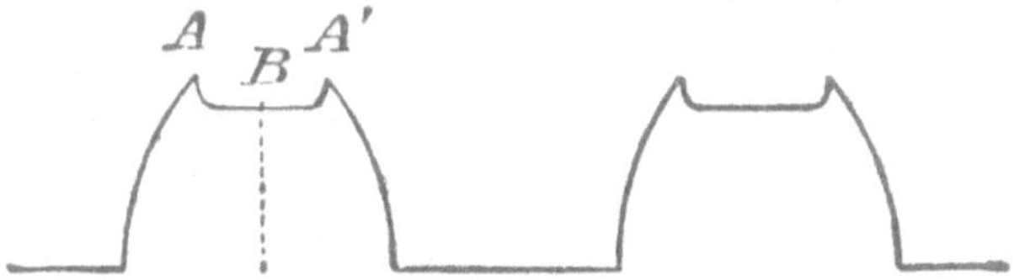

Fig. 33.

Ces courbes peuvent être observées quelquefois sur les postes constitués par des lampes peu puissantes. Il est facile d'expliquer leur forme.

Au fur et à mesure que la tension grille croît, la tension plaque égale à $U - V_b \sin \omega t$ décroît, il arrive donc un moment où, quoique le nombre des électrons sortant du filament augmente, le nombre des électrons absorbés par la grille croît plus vite, et par suite celui des électrons absorbés par la plaque décroît. C'est ce qui se passe au point A, et c'est pour cela qu'à partir de ce point le courant plaque décroît.

Au point B, le potentiel de grille commence à décroître et nous observons dans la région BA' une marche du courant inverse de celle de la région BA.

Mais ce mode de fonctionnement dans lequel bon nombre d'électrons viennent échauffer la grille par leur bombardement correspond évidemment à un mauvais rendement et il vaut mieux chercher à se placer dans des conditions correspondant à celles de la figure 32.

Dans cette figure, nous avons supposé que la plaque débitait pendant une alternance, du courant de haute fréquence.

Il est clair que si nous donnons la tension continue appliquée à la grille une valeur plus grande en valeur absolue que V_1, il faudrait que la tension grille ait déjà une valeur suffisamment positive pour contrebalancer cette tension continue négative. Le courant plaque ne passera que pendant une fraction de l'alternance positive de la tension grille (fig. 34).

Fig. 34.

C'est dans ces conditions qu'on peut obtenir dans les postes à lampes des rendements de 75 à 80 %. Mais nous le répétons, cet accroissement de rendement est accompagné d'une diminution de la puissance utile fournie par la lampe.

Comment convient-il de proportionner les tensions grille et plaque, ces tensions que nous avons désignées par $V_g \sin \omega t$ et $V_p \sin \omega t$. Il est évident que si la tension V_p est très petite, la force contre électromotrice qui absorbe de l'énergie étant faible, on ne peut tirer beaucoup de puissance de la lampe. D'autre part, si V_p était trop grand, si par exemple nous avions $V_p = U$, au moment où la tension grille est maximum, la tension plaque serait nulle, nous serions, comme nous l'avons déjà dit, dans de mauvaises conditions de rendement. Généralement on fait en sorte que $U - V_p$ soit environ le dixième de U.

D autre part, il faut que nous restions dans des régions où le courant plaque continue à croître en fonction de la tension grille. L'expérience a montré que pour les lampes telles qu'on les réalise, la valeur maximum V_g de la tension grille doit être égale à 0,8 de la tension minimum plaque, c'est-à-dire qu'on doit avoir :

$$V_g = 0{,}8\,(U - V_p).$$

Nous ne pouvons entrer ici dans le détail des procédés qu'il serait possible d'employer pour prédéterminer un poste à lampes. Ceci serait d'autant moins intéressant que ces procédés sont rarement employés et que le plus souvent c'est par tâtonnement qu'on amène un poste aux conditions de fonctionnement optimum.

On fait en sorte que l'ensemble des deux bobines L_1 et L_2 ail une self-induction telle que si l'on désigne par C la capacité de l'antenne assimilée à une capacité pure, λ la longueur d'onde que l'on veut obtenir on ait :

$$\lambda = 2\pi \,.\, v\sqrt{LC}$$

$$v = 3 \times 10^8$$

On fait ensuite varier le nombre des spires de L_1 et de L_2 (fig. 35) (tout en maintenant la self-induction totale constante) et le couplage

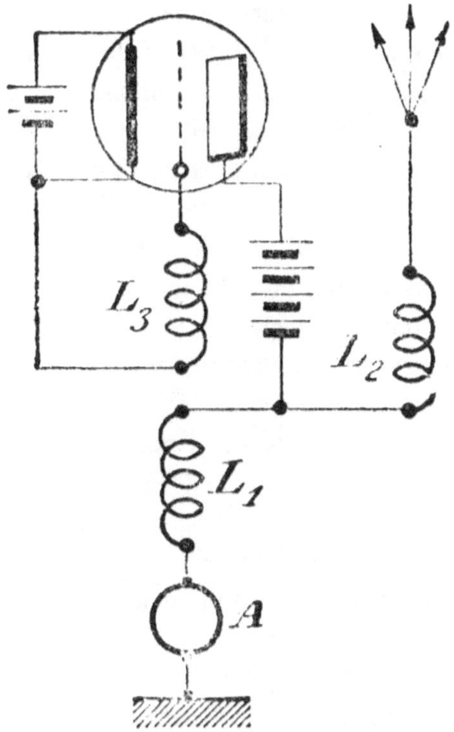

Fig. 35.

entre les bobines L_1 et L_2 de façon que les indications de l'ampèremètre d'antenne soient maximum et qu'en même temps la température de la plaque (évaluée en fonction de sa coloration) ne soit pas trop élevée.

Il nous reste à dire maintenant comment on procède pour créer une différence de potentiel entre le filament et la plaque telle que la grille soit fortement négative par rapport au filament.

Il est impossible de produire cette différence de potentiel au moyen d'une batterie d'accumulateurs.

Les oscillations ne s'amorceraient pas si la grille était très négative par rapport au filament. Il faudrait mettre cette batterie en court-circuit et rompre le court-circuit une fois les oscillations amorcées, mais la mise répétée en court-circuit d'une batterie d'accumulateurs aurait pour effet de la mettre rapidement hors de service.

Il existe un moyen facile de rendre la grille négative dès que les oscillations sont amorcées.

Ce procédé consiste à placer sur le circuit grille une résistance qui varie suivant les circonstances entre 5 000 et 30 000 ohms, cette résistance étant shuntée par une capacité de 2 à 3 millièmes de microfarad.

Dans ces conditions que se passe-t-il ?

On sait que lorsque les oscillations sont amorcées, la tension grille atteint pendant son alternance positive des valeurs assez élevées, elle attire des électrons, la capacité se charge, rendant la grille négative. Si la capacité n'était pas shuntée par une résistance, elle conserverait cette charge pendant l'alternance négative, puis cette charge augmenterait pendant l'alternance positive suivante, et ainsi de suite jusqu'au moment où la grille serait devenue tellement négative par rapport au filament qu'elle s'opposerait à toute émission d'électrons, la lampe cesserait de débiter.

Mais par suite de la présence de la résistance, le condensateur se décharge partiellement pendant l'alternance négative et finalement, la tension grille prend, par rapport au filament, un potentiel négatif V en valeur absolue. Ce potentiel est tel que la quantité d'électricité apportée par les électrons pendant le temps t_1, pendant lequel $V_g \sin \omega t$ est plus grand que V, soit égale à la quantité d'électricité perdue par la résistance pendant le temps $T - t_1$ (T, durée d'une oscillation complète). Si on appelle R la valeur de la résistance qui shunte le condensateur, i_o la valeur de courant indiquée par un ampèremètre à courant continu placé dans le circuit grille, cette grille se trouve par rapport au filament au potentiel $- Ri_o$.

Pratiquement, R a une valeur de 10 à 20 000 ohms, le courant i_o est de l'ordre de 20 à 30 milliampères. La grille se trouve donc portée à une tension négative par rapport au filament, par exemple de - 300 volts en admettant R = 15 000 ohms, i_o = 20 milliampères.

La détermination de la résistance R, dont la valeur influe beaucoup sur la durée de débit du courant filament-plaque et par suite influe beaucoup sur la puissance utilisable et sur le rendement du poste à lampes, est un des points importants du réglage d'un poste.

En général, on ne donne pas une valeur fixe à cette résistance. On la constitue d'un rhéostat variable permettant des variations de l'ordre de 1 000 ohms. On constitue avantageusement ce rhéostat à l'aide de résistances qu'on trouve dans l'industrie pour le chauffage électrique.

Nous allons maintenant revenir encore une fois sur la manière d'effectuer le réglage optimum d'un poste. Généralement, pour faciliter la variation de la portion de self-induction intercalée dans la plaque sans faire varier l'inductance totale du circuit oscillant, on donne à cette self-induction la forme de la figure 36.

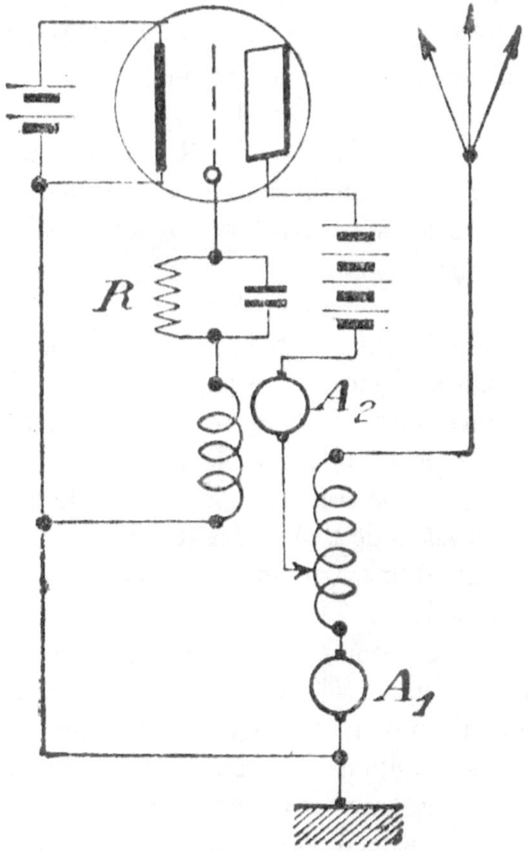

Fig. 36.

Les deux self-inductions de la figure 35 sont confondues en une seule bobine et on fait varier le point de connexion du circuit plaque à cette self-induction.

On commence par donner au nombre de spires de la self-induction intercalées dans la plaque une valeur quelconque. On couple au maximum la grille et la plaque, et on élève progressivement la tension plaque.

Quand on constate que l'ampèremètre pour courants alternatifs de haute fréquence A_1 commence à dévier, c'est-à-dire quand les oscillations sont amorcées, on continue à élever peu à peu la tension et en même temps on découple autant que possible les circuits grille et plaque. Cette dernière opération a pour effet d'augmenter l'indication I de l'ampèremètre A_1 et de diminuer les indications *io* de l'ampèremètre à courant continu A_2. On arrête l'augmentation de la tension lorsqu'on constate par sa coloration que la plaque a atteint la température limite (rouge naissant pour le nickel, rouge vif pour le molybdène). À ce moment, on agit sur la résistance R. On constate généralement qu'une variation dans un certain sens de cette résistance R améliore le rendement, on constate ce fait par l'observation de la coloration de la plaque.

On élève encore un peu la tension plaque et on continue ces opérations jusqu'à ce qu'il ne soit plus possible par action sur la résistance R, de diminuer la puissance dégradée sur la plaque.

On recommence ainsi ces opérations avec une autre valeur du nombre de spires intercalées dans la plaque et on détermine ainsi par tâtonnements, la valeur de la tension, le nombre de spires à intercaler dans la plaque et la valeur de la résistance R pour lesquels les indications de l'ampèremètre A_1 sont maximum, la plaque étant cependant à une température admissible.

Signalons en passant que la fréquence des oscillations dépend du couplage entre les bobines grille et plaque, elle est sensiblement égale à celle du circuit oscillant pour les couplages très lâches.

Soient dans ces conditions R la résistance de l'antenne, I la valeur efficace du courant de haute fréquence indiquée par A_1 *io* la valeur moyenne du courant plaque indiquée par A_2, U la tension continue de la plaque d'alimentation de la plaque, le rendement est :

$$RI^2 / Ui_o$$

la puissance utile étant RI^2.

Comme nous l'avons déjà dit, il est impossible de donner aux plaques des lampes des dimensions leur permettant de rayonner sans danger plus de 500 watts. En admettant un rendement de 80 %, la puissance maximum qu'on peut tirer d'une lampe ordinaire est de 2 kilowatts. (On a réalisé des lampes jusqu'à 3 ou 4 kilowatts).

Pour avoir plus de puissance on utilise généralement des lampes montées en parallèle.

Nous devons signaler un montage particulier intéressant surtout pour les ondes courtes, (fig. 37). Dans ce montage il ne faut pas oublier que les inductances A et B doivent être enroulées en sens inverse. L'avantage de ce montage, c'est que les oscillations sont cantonnées dans les inductances grille et plaque et dans les fils réunissant les deux filaments chauffés en parallèle.

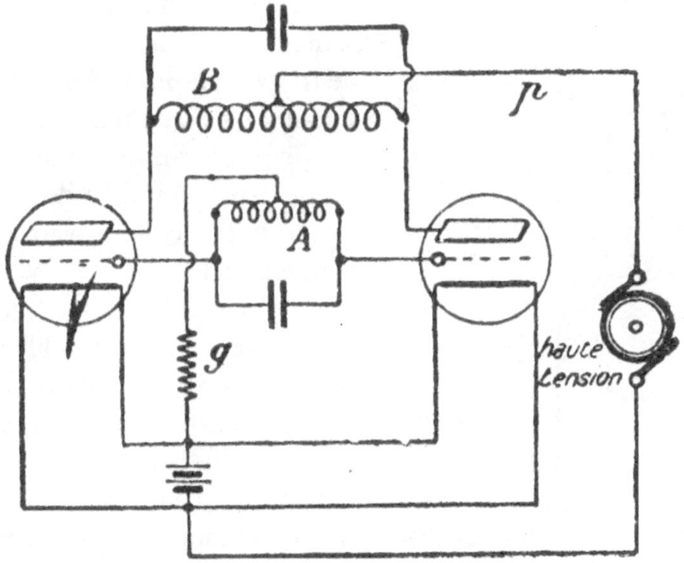

Fig. 37.

Aucune oscillation ne circule dans les fils communs des grilles et des plaques et leur capacité par rapport au sol ne peut troubler le fonctionnement du système.

En supprimant les condensateurs et en utilisant pour chaque inductance une seule spire de 8 centimètres de diamètre (la spire plaque ayant ses extrémités croisées pour avoir un couplage convenable), on a pu obtenir des oscillations ayant 1,50 m de longueur d'onde.

On a pu réaliser pour l'émission, des lampes plus puissantes que les lampes en verre utilisées jusqu'ici. Aux États-Unis, on utilise des lampes à récipient métallique ; ce récipient métallique constitue la plaque de la lampe. Pendant le fonctionnement, cette plaque est plongée dans un récipient dans lequel circule un courant d'eau qui

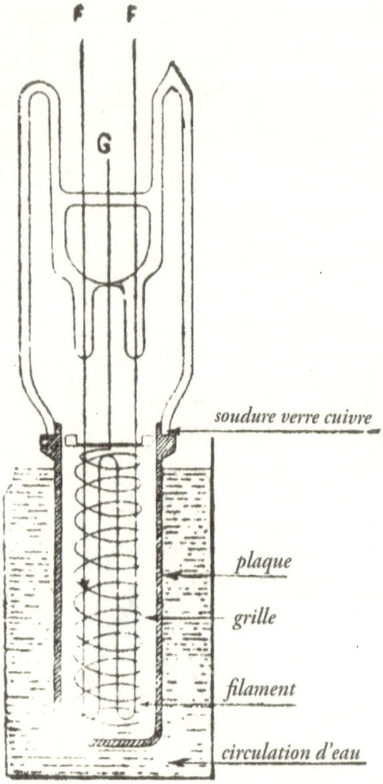

Fig. 38.

assure un refroidissement énergique de la plaque. Au récipient métallique constituant la plaque, récipient qui est en cuivre, est soudé comme le montre la figure 38, un pied en verre par lequel passent les conducteurs amenant le courant filament et la tension à la grille.

La grosse difficulté qu'il a fallu vaincre pour réaliser ces lampes a été de trouver un procédé permettant de souder ce pied de verre à l'enveloppe de cuivre, de telle sorte que la soudure ne fût pas susceptible de se rompre sous l'influence des variations de température.

Une semblable lampe fournissant 20 kilowatts sous 15 000 volts est constituée par un cylindre de cuivre de 5 à 6 centimètres de diamètre et d'environ 20 centimètres de longueur, le filament tendu en V a environ 8 dixièmes de millimètres de diamètre et le courant de chauffage est de 50 ampères sous 20 volts.

En France, au poste de la Tour Eiffel, on utilise la lampe démontable Holweck. La figure 39 donne une vue de cette lampe.

Le principe de cette lampe est le suivant : une partie de l'enveloppe de la lampe est un cylindre métallique constituant l'anode ; mais ce cylindre métallique, au lieu d'être fixé aux pièces de verre servant à amener les fils de connexion à l'intérieur, est appliqué contre elles par des joints. Ces joints ne peuvent être suffisamment étanches pour que le vide se maintienne d'une façon parfaite dans la lampe ; aussi pendant son fonctionnement est-elle toujours réunie à une pompe moléculaire qui maintient le vide.

Le cylindre constituant l'anode est placé à l'intérieur d'un autre cylindre concentrique, un courant d'eau circule entre les deux et refroidit la plaque.

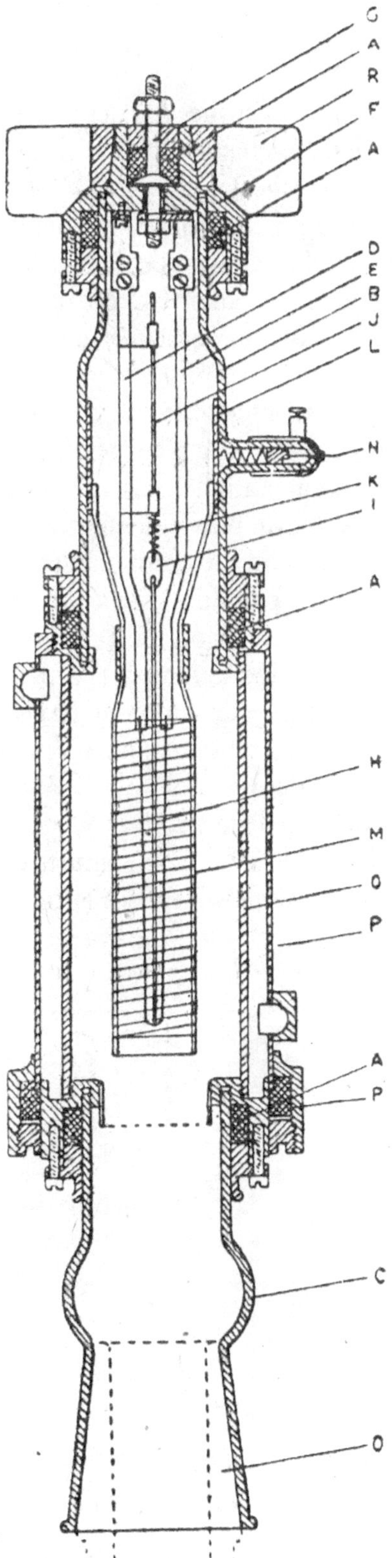

Fig. 39.

Les joints (voir fig. 39) sont constitués par des bagues de caoutchouc exempt de matières volatiles. Ces bagues sont placées sur les tubes de verre B et C et serrées par des brides.

Le filament de tungstène a 36 centimètres de longueur, 0,05 cm de diamètre, il constitue en réalité 2 filaments en parallèle.

La grille est en molybdène, son diamètre est de 1,8 cm et elle est constituée par une hélice de 0,04 cm de diamètre enroulée avec un pas de 0,3 cm.

La plaque est constituée par le cylindre de cuivre C et un courant d'eau circule entre cette plaque et la chemise métallique extérieure P.

Cette eau est amenée des canalisations de la ville par un tube de verre plusieurs fois replié pour assurer un bon isolement.

À la sortie de l'eau, un thermomètre permet de se rendre compte de son élévation de température et par suite de s'assurer que la lampe ne chauffe pas trop. Le courant de saturation est d'environ 6 ampères.

La pièce de verre C qui termine la lampe à sa partie inférieure est fixée par un rodage sur l'extrémité *q* de la pompe moléculaire.

Il est bon de temps en temps, à plusieurs jours d'intervalle, de réunir l'ensemble étanche : lampe pompe moléculaire à une autre lampe permettant de faire ce qu'on appelle le *vide préparatoire*.

On obtient facilement avec de semblables lampes des puissances de 10 à 20 kilowatts, sous des tensions comprises entre 5 000 et 10 000 volts.

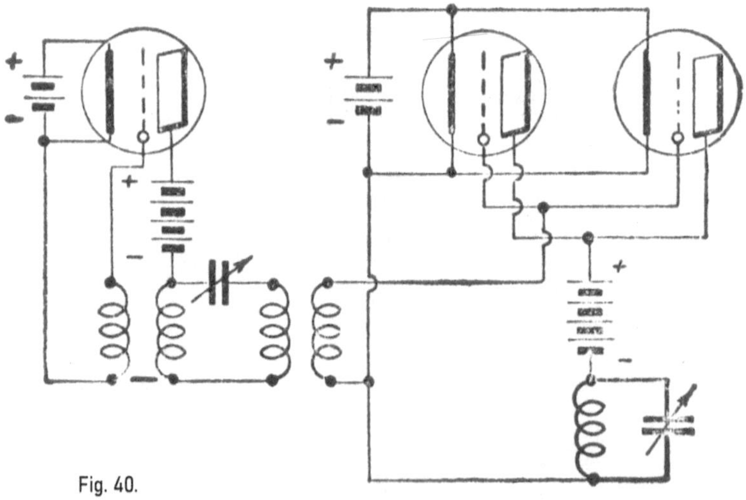

Fig. 40.

Quand on utilise de semblables lampes dans les postes, on ne les utilise pas directement pour la production des oscillations de haute fréquence.

Ces lampes constituent un amplificateur à résonance à un seul étage (comportant du reste s'il y a lieu plusieurs lampes en parallèle).

On fait agir entre la grille et le filament une différence de potentiel haute fréquence provenant d'un poste moins puissant (fig. 40).

Les diodes redresseuses

Nous avons vu qu'il était nécessaire dans les postes à lampes d'utiliser des tensions de plusieurs milliers de volts. Il est impossible ou du moins excessivement difficile d'obtenir ces tensions avec des machines à courant continu à collecteur.

La solution consiste donc à utiliser du courant alternatif, à élever sa tension par un transformateur et à redresser cette tension.

La lampe à deux électrodes nous fournit une solution du problème du redressement.

Nous allons d'abord envisager le problème du redressement par une seule diode. Nous verrons plus tard que cette solution est mauvaise.

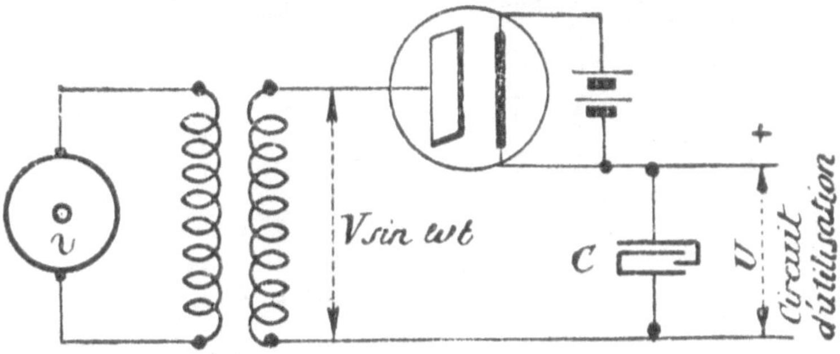

Fig. 41.

La figure 41 représente le montage d'une lampe à deux électrodes ou redresseur. Le courant ne peut passer dans la lampe que si la plaque est positive par rapport au filament. Lorsque l'onde de différence de potentiel sera telle qu'il en soit ainsi, un courant circulera dans le circuit d'utilisation ; tout se passe comme si la diode était une pile dont la plaque serait le pôle positif.

Au contraire pour l'onde inverse, aucun courant ne circule à travers la lampe.

Mais si on a eu soin de placer en dérivation sur le circuit d'utilisation un condensateur, celui-ci qui s'est chargé pendant la période de fonctionnement, se décharge pendant le temps mort.

L'expérience montre qu'avec un condensateur de capacité suffisante, on arrive à avoir aux bornes du circuit d'utilisation une tension qui ne varie que de quelques pour cent pendant une période complète du courant alternatif.

Le système avec une seule lampe serait mauvais ; il faudrait d'énormes condensateurs pour maintenir la tension constante. De plus le transformateur serait très mal utilisé et consommerait un courant réactif énorme.

Le secondaire serait en effet parcouru par un courant continu saturant le fer et le portant dans une région de faible perméabilité.

On remédie à cet inconvénient en utilisant deux redresseurs. La figure 42 représente le montage employé. Le circuit d'utilisation est en déviation sur le condensateur.

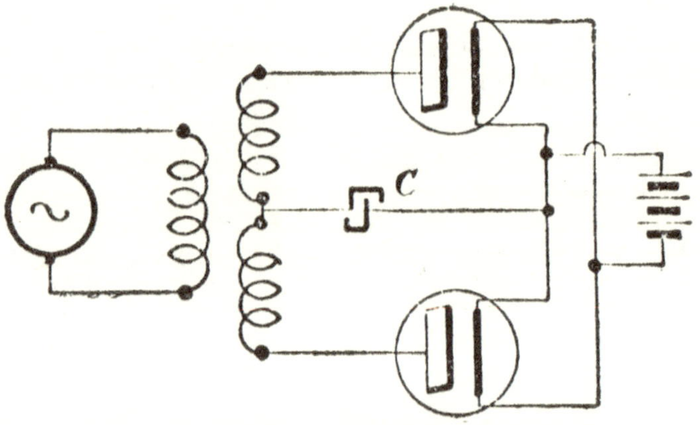

Fig. 42.

Il faut employer un transformateur dans lequel le milieu du secondaire est accessible. Il ne faudrait pas chercher à utiliser deux transformateurs, sans quoi on retomberait dans l'inconvénient de la saturation par courant continu signalée plus haut.

Pour obtenir des tensions élevées en utilisant un transformateur à un seul secondaire, on peut utiliser le montage suivant (fig. 43).

Si on désigne par U la tension maximum aux bornes du secondaire du transformateur qui alimente les diodes, on voit que le premier montage

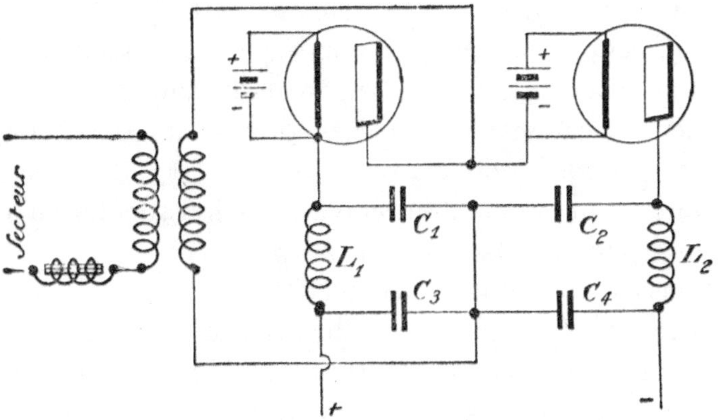

Fig. 43.

indiqué ne permet d'avoir qu'une tension continue égale à U / 2, tandis que le second fournit une tension 2U.

Mais bien entendu pour un transformateur donné, la puissance qu'on peut tirer de l'appareil reste la même dans les deux cas.

Il est possible de calculer la capacité à donner aux condensateurs pour que la tension continue se maintienne constante à quelques pour cent près.

On constate en faisant ce calcul pour des fréquences industrielles qu'on est conduit à des capacités prohibitives. On trouve des capacités d'une dizaine de microfarads. Ces capacités, étant données les tensions élevées qu'elles doivent supporter, seraient très coûteuses à réaliser et très encombrantes.

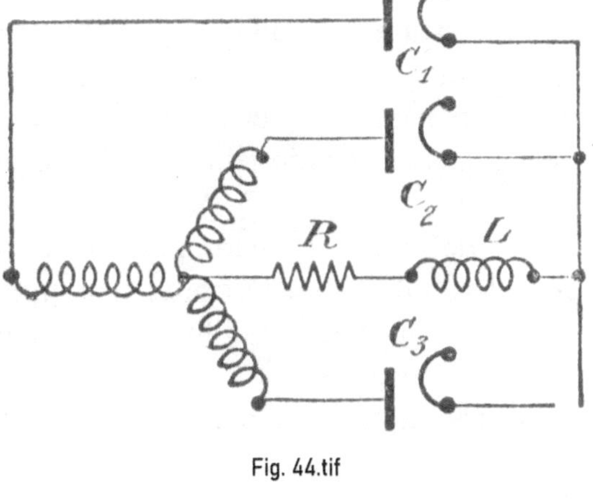

Fig. 44.tif

Au contraire si on utilise des courants de fréquence musicale, les valeurs trouvées pour les capacités sont beaucoup plus admissibles.

Mais tout cela s'entend du redressement du courant monophasé.

Dans les installations à poste fixe, on dispose très souvent de courant polyphasé très facile à redresser.

La figure 44 montre la disposition des redresseurs lorsqu'on utilise un courant à p phases (dans la figure $p = 3$).

Les p phases sont montées en étoile.

Les extrémités des p phases sont reliées aux plaques des diodes. Les filaments sont réunis au point neutre par l'intermédiaire du circuit d'utilisation R et d'une self-induction L qui a pour but d'adoucir le courant. Chaque phase débite pendant un $p^{\text{ième}}$ de période.

Dans la figure 45 on a représenté dans le cas d'un courant triphasé les diverses ondes convenablement décalées.

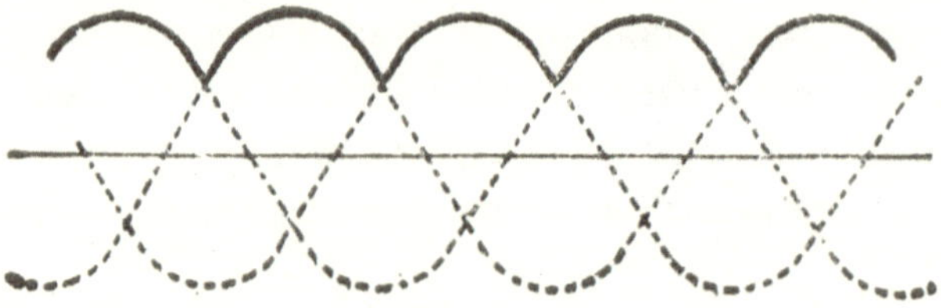

Fig. 45.

Les parties pointillées correspondent au temps pendant lequel les phases ne débitent pas sur les diodes, les parties pleines les périodes de travail.

La ligne en trait plein représente donc en fonction du temps la forme de la courbe de différence de potentiel aux bornes de l'ensemble self-induction circuit d'utilisation. On voit que cette différence de potentiel comporte une composante continue et une composante alternative non sinusoïdale de fréquence p fois la fréquence du circuit d'utilisation.

Celle dernière composante sera fortement atténuée par l'inductance de la bobine L.

Cette inductance devra être d'autant plus faible que le nombre de phases est plus élevé puisque sa réactance sera proportionnelle au nombre de phases. On a donc intérêt à utiliser des courants ayant le plus grand nombre de phases possibles.

Mais dans les distributions d'électricité, on ne rencontre que du courant triphasé. Seulement il est très facile de transformer celui-ci encourant hexaphasé. Supposons que nous ayons un transformateur triphasé.

Il suffira que dans le secondaire les milieux des 3 enroulements soient accessibles.

Ces milieux réunis entre eux constitueront le point neutre d'un système hexaphasé dont les 6 extrémités du secondaire constitueront les départs des six phases.

Conclusion

Dans ce qui précède nous avons ébauché les propriétés des lampes à trois électrodes et esquissé leurs principales applications. Elles peuvent se prêter à beaucoup d'autres mais nous avons cru devoir nous borner à n'indiquer ici que les principales.

Table des Matières

T. S. F.

www.decoopman.com

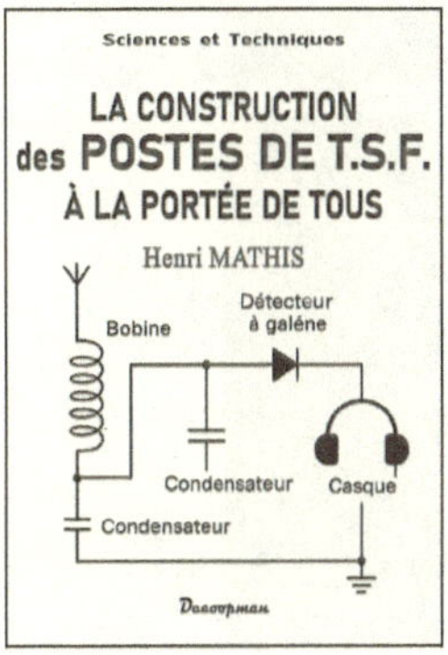

Éditions Decoopman - Ferrières - 30440 Saint-Laurent-le-Minier
web : www.decoopman.com - e.mail : livres@decoopman.com

www.ingramcontent.com/pod-product-compliance
Lightning Source LLC
LaVergne TN
LVHW100407061026
849522LV00003B/808
9782369652328